细毛羊高效生产
综合配套技术

李学森　刘家平　任玉平　主编

U0349234

中国农业科学技术出版社

图书在版编目（CIP）数据

细毛羊高效生产综合配套技术/ 李学森，刘家平，任玉平主编 .
—北京：中国农业科学技术出版社，2013.12
ISBN 978 – 7 – 5116 – 1472 – 8

Ⅰ.①细… Ⅱ.①李…②刘…③任… Ⅲ.①细毛羊 – 饲养管理
Ⅳ.①S826.8

中国版本图书馆 CIP 数据核字（2013）第 288072 号

责任编辑	贺可香
责任校对	贾晓红

出 版 者	中国农业科学技术出版社
	北京市中关村南大街 12 号　邮编：100081
电　　话	（010）82106638（编辑室）　（010）82109702（发行部）
	（010）82109709（读者服务部）
传　　真	（010）82106650
网　　址	http://www.castp.cn
经 销 者	各地新华书店
印 刷 者	北京富泰印刷有限责任公司
开　　本	710mm ×1 000mm　1/16
印　　张	11　彩插10
字　　数	220 千字
版　　次	2013 年 12 月第 1 版　2014 年 1 月第 2 次印刷
定　　价	48.00 元

《细毛羊高效生产综合配套技术》
编 委 会

前　言

细毛羊是我国内蒙古、新疆、甘肃、青海等省区的主要畜种之一。1954 年我国培育成功第一个细毛羊品种——新疆细毛羊；二十世纪八十年代前又相继育成了内蒙古细毛羊、东北细毛羊、甘肃细毛羊、敖汉细毛羊等品种；1985 年我国在引进澳洲美利奴羊的基础上育成了中国美利奴羊（新疆型、军垦型、科尔沁型和吉林型四个类型）；1992 年又育成了新吉细毛羊，我国细毛羊育种已进入世界细毛羊的先进行列。20 世纪我国发展细毛羊产业主要是实施以毛为主、肉毛兼用的产业发展模式。由于纺织工业技术的迅速发展，合成纤维产量增加，价格低廉，品种增加，在纺织原料中羊毛的需求量及其比重下降，合成纤维成为纺织工业的主要原料。同时，由于人民生活水平的提高，羊肉具有丰富的营养和低胆固醇，在肉食品消费中需求量迅速增加，供需矛盾突出，价格持续上涨。国际养羊业已朝着"肉主毛从"的方向发展，我国的养羊业也应该适应世界养羊业发展的趋势，积极倡导和推进养羊产业朝着安全、优质、高效方向发展。在强调发展羊肉生产的同时，也不能忽视羊毛生产。必须处理好羊肉生产和羊毛生产的关系。要看到在国产羊毛大幅降价滞销的背景下，我国每年以高价进口大量羊毛和毛条，说明我国目前羊毛供应的缺口依然很大，国产羊毛滞销、价格下降并不完全是羊毛供过于求造成的，其中国产毛质量、规格以及流通领域存在的问题是重要原因。因此，我国的羊毛生产并不是过剩，仍有较大的市场潜力，今后应适当发展羊毛生产，调整细毛羊品种内部结构，提高羊毛品质，特别是发展细度在 66 支以上的优质细羊毛。毛肉兼用或肉毛兼用细毛羊的发展可降低市场风险，使细毛羊养殖户能有较为稳定的经济收入。因此，大力发展毛肉兼用或肉毛兼用细毛羊将是我国养羊业的主要发展方向之一。

推动细毛羊高效生产是一个系统工程，必须以未来市场需求为导向，加快建立细毛羊高效生产所需要的硬件和软件基础条件，形成完整产业发展体系。细毛羊产业可持续发展的关键是要在生产优质羊毛的同时多产羊肉，充分彰显细毛羊

"肉毛兼得"的畜种优势，以生产优质细羊毛来支撑羊肉产业的可持续发展，实现高效生产的肉毛双赢目标。引进肉毛兼用型细毛羊，如德国肉用美利奴羊、南非肉用美利奴羊等品种，是加快细毛羊品种改良的行之有效措施之一。

传统的细毛羊养殖是以放牧为主，大多分布在草原牧区，广阔的天然草地资源为细毛羊生产提供了可靠的物质基础，牧区长期以来是我国羊毛的主要生产基地，并且现有细毛羊品种对天然草地的适应能力也很强。当前，随着牧区"暖季放牧，冷季舍饲"养殖模式的推进，对新时期促进细毛羊发展起到了示范作用，但提高细毛羊养殖效益的关键主要还是要从技术和管理层面上下功夫。积极推广细毛羊同期发情、人工授精、两年三产、羔羊早期断奶育肥、羊毛现代化管理、优质牧草种植加工储备、疫病防治等综合配套技术，改善细毛羊生产的福利条件，改造提升细毛羊养殖的传统生产和经营模式，可促进细毛羊产业的现代化发展进程。

本书的编写出版，得到了农业部公益性行业（农业）科研项目《不同区域草地承载力与家畜配置》课题、国家科技支撑计划《新疆伊犁河流域水土资源可持续开发利用研究与示范项目—高效草业及舍饲畜牧业关键技术开发与示范》课题和《重点牧区草原"生产生态生活"配套保障技术集成与示范》课题，以及新疆畜牧厅、中国农业大学、新疆科技厅、中国农业科学院草原研究所的大力支持；新疆畜牧科学院畜牧研究所、昌吉州畜牧产业协会、昌吉市草原站、玛纳斯县畜牧兽医局、伊犁州草原站等单位在试验示范和编写期间提供了技术协助。在本书出版之际，全体编著人员对曾关心和帮助过我们的单位及个人表示诚挚感谢，书中缺点和不足之处敬请读者提出宝贵意见。

编　者

2013 年 10 月于新疆乌鲁木齐

目　　录

第一章 细毛羊高效生产是细毛羊产业发展的必由之路

第一节 细毛羊高效生产的概念

细毛羊高效生产是相对于粗放经营而建立的一种新的生产体系，其特点是：饲养规模大、技术含量高、生产周期短、生产力和劳动生产率高、产品适应市场需求、饲养方式以半舍饲或全舍饲为主。这种理想化的新体系也就是现代细毛羊生产体系，它要求生产者和管理者能够准确地掌握细毛羊不同环境特点，采用人为控制环境的配套技术，包括营养、繁殖、兽医保健等重要环节的调控，对细毛羊生产实行有效的控制。

第二节 细毛羊高效生产对促进社会经济发展的意义

在实施西部大开发战略、农业经济结构进行战略性调整的新时期，突出细毛羊发展对我国畜牧业乃至整个农业经济发展都具有十分重要的意义。

一、发展细毛羊是立足当前和长远发展我国养羊业的客观需要

养羊业在我国畜牧业中占有十分突出的地位，养羊就是要获取羊毛和羊肉，但受市场等因素影响，生产的侧重点不同。我国本地羊大部分尽管有产毛性能差、胴体脂肪含量高、不符合市场发展需要、经济效益差等缺陷，但适应能力强，饲养成本低，加之我国羊肉市场一直为卖方市场，缺乏竞争。在今后一段时间内，为实现农业内部结构调整优化的目标，畜牧业比重大幅上升，将以扩大优质生产母羊数量为主。从长远来看，我国养羊业在发展的同时也将面临更加激烈的竞争和严峻的挑战，我国的羊产品要抢占更大的市场，就必须在巩固本地市场的同时，更多地打入国内外市场，实现从养羊业大国向养羊业强国的跨越，建立起一批水平高、规模大、各有侧重点的养羊基地，努力提高羊毛、羊肉产品质量，提高市场竞争力。细毛羊具有毛肉兼

产、市场风险小的优势，母羊与肉用羊杂交同样可进行肥羔生产，同时还能生产优质羊毛，在今后市场竞争激烈、以质取胜的情况下，细毛羊的综合优势将会充分显现出来。

二、发展细毛羊是满足国内毛纺工业的需要

根据我国国民经济需要，养羊业首先要为纺织工业提供大量优质细毛原料。我国每年毛纺工业需要净毛约 30.35 万 t，国产羊毛只能满足 1/3 左右，有 2/3 的羊毛依赖进口。巨大的国内市场供求缺口，为我国细毛羊产业发展提供了市场空间，我国的细毛羊应进一步提高质量，提高在国内毛纺原料市场中的竞争力。例如，在新疆细羊毛生产者协会努力下，新疆的细毛羊产业出现了转机，由协会组织拍卖的"萨帕乐"新疆产品牌羊毛在羊毛市场上的拍卖价位居前列。2003 年拍卖最高价净毛 55.5 元/kg，污毛 37.5 元/kg，由此可见，只要努力提高羊毛细度和羊毛品质，就有望夺回我国细毛羊的市场优势，创造更好的经济效益。我国生产的细羊毛，主体细度为 60～64 支，毛纺工业急需 66 支以上的细毛几乎完全依赖进口。随着国内外毛纺工业向超薄型面料发展的形势，毛纺工业对羊毛细度 70 支以上的细毛需求量越来越大，也是纺织工业紧缺的高档毛纺原料，其价值是普通细羊毛的几倍至十几倍，因此，我国细羊毛生产应朝向超细的方向发展，才能在竞争中占一席之地。

三、发展细毛羊可增加对市场优质羊肉的有效供给

发展细毛羊产业，不仅可以获得优质细羊毛，而且还能产肉。20 世纪90 年代以来，羊肉需求量猛增，尤其是优质羔羊肉的需求量增加迅速，极大地促进了羊肉生产的快速发展。因此，在市场需求和相关政策的推动下，我国肉羊产业发展迅速。细毛羊多为毛肉或肉毛兼用型，生产羊毛和羔羊肉并不矛盾。在细毛羊产区，可推广当年羔羊育肥技术，以细毛羊与肉用细毛羊杂交，所产羔羊全部集中育肥生产肥羔，实践证明当年羔羊育肥，肉质好、周转快，投入产出比高，可提高饲养细毛羊的经济效益，化解市场风险。

第三节　我国细毛羊产业现状及发展前景

一、细毛羊产业现状

　　养羊业是我国畜牧业的传统产业，其中细毛羊占重要位置。细毛羊的主要产品是羊肉、羊毛、羊皮等。细羊毛是重要的纺织原料，是养羊业中附加值较高的产品，细毛羊业也是养羊业当中经济指数较高的产业，细毛羊业的发展程度，是我国养羊业生产技术水平的重要标志之一。

　　我国是世界消耗羊毛最多的国家，每年消耗羊毛30万～35万t，而国产羊毛年产量为11万～12万t，自给率仅为1/3。为了解决毛纺原料的不足，每年需要进口大量羊毛，羊毛成为我国唯一依赖进口的大宗畜产品。据统计，1991～2000年，平均每年进口羊毛22.9万t。大量进口羊毛给我国细毛羊业和牧区经济发展造成了严重冲击。被动依赖进口羊毛，也给毛纺企业经营与发展带来不稳定的因素。例如：20世纪80年代末期澳毛价格居高不下（因为有政府保护价），国内爆发了"羊毛大战"，给毛纺行业造成了严重损失；自2002年元旦开始，国际羊毛价格暴涨，也主要是针对我国加入WTO、羊毛进口许可证必须逐步放开，目前已经给国内毛纺企业生产与出口造成了极大的影响。作为世界第一大羊毛进口国，贸易开放对于我国羊毛产业发展犹如双刃剑，一方面，进口羊毛有益于补充国内市场供需缺口，确保毛纺织工业用毛需求；另一方面，具有显著优势的外毛大量进入不利于我国羊毛产业平稳发展，突出表现在影响羊毛价格波动降低牧民收入，加剧市场风险、造成环境问题等。

　　我国细毛羊主产区集中在西北和东北相对偏僻、经济发展落后的地区，而毛纺企业集中在江、浙、沪等东部沿海地区。细毛羊业的生产状况与技术水平，不仅关系到羊毛产区的经济发展和社会稳定，而且也关系到东部发达地区毛纺行业的经济效益与市场竞争力。2001年10月，国务院办公厅转发农业部"关于加快畜牧业发展意见的通知［国办发（2001）76号］"明确指出，要"突出发展优质细毛羊生产"。开展新吉细毛羊产业化示范，对提高细毛羊生产技术水平与产品市场竞争力、加快产业结构调整、增加农牧民经济收入、增强毛纺原料资源实力和稳定毛纺工业发展，都有着密切关系。

二、中国羊毛生产、消费及贸易状况

（一）羊毛增长趋势

1. 羊毛产量显著增长

近三十年间，羊毛产量经历了 1996—1998 年和 2006—2009 年两次明显减产，其余年份羊毛产量均保持稳步增长。2009 年中国羊毛产量为 36.4 万 t，比 1980 年增长了 1.07 倍。

2. 细毛产量占比显著下降

中国羊毛产量增加主要以半细毛产量增加为主。近三十年细毛产量占比呈先增后降趋势。1980 年细毛产量占羊毛产量比例为 39.29%，1989 年为 50.61%，2009 年为 34.99%。其中，美利奴细羊毛仅为 10% 左右。

3. 主产区集中在北方地区

内蒙古、新疆、河北羊毛产量占全国总产量的近 60%。

（二）羊毛加工业发展迅速

目前，中国毛纺纱锭的加工能力达到 408 万 t，羊毛年加工量 40 万 t（净毛），成为世界最大的羊毛制品加工国。2009 年毛纺工业完成工业总产值占纺织业的 12.17%，毛纺制品服装出口占纺织服装出口总额的 5.44%。

（三）羊毛消费数量巨大

国内市场年（净）羊毛消费量约 25 万 t，占世界消费量的 20%，且有不断增加的趋势。

（四）羊毛贸易规模持续扩大

在国内羊毛需求快速增长的拉动下，我国羊毛进出口贸易总量持续扩大。1999—2010 年羊毛净出口贸易增长 3.48 倍，羊毛进出口总量增长 1.07 倍。羊毛贸易主要以进口原毛为主，澳大利亚、新西兰、乌拉圭等是我国主要羊毛进口来源国，世界羊毛初加工工业向中国集中，羊毛制品出口快速增加。

（五）贸易对中国羊毛产业的影响

1. 进口羊毛在调节我国国内羊毛资源供需缺口方面发挥了重要作用

我国毛纺工业对羊毛尤其是高品质细羊毛的需求不断加大，但国内细羊毛只能满足市场需求的 30%~40%，大量进口羊毛极大地满足了国内的羊毛需求。

2. 冲击国内羊毛产需结构矛盾，羊毛品质退化

与进口羊毛相比，国产羊毛在品质和成本上竞争劣势十分突出。在进口羊毛冲击下，国产羊毛市场份额进一步萎缩，细毛生产受到抑制，而相对没有竞争压力的半细羊毛和粗羊毛比例上升。1989—2009 年间，我国羊毛产量中细毛比例从 51% 下降至 35%，半细毛从 18% 增长至 31%，粗毛从 31% 增长至 38%。

3. 外贸依存度过高导致我国缺乏市场话语权

目前我国细羊毛的外贸依存度在 60% 以上。过分依赖外贸导致我国尽管是羊毛生产和消费的大国，但在细羊毛价格上却缺乏谈判与话语权，只能成为羊毛价格接受者。

4. 农牧民收入大幅波动

我国目前有 10 个省（区）214 个县是牧区，40 多个县的牧民多以毛用羊养殖作为生活的主要经济来源。国内羊毛价格的大幅度波动，严重影响到农牧民的养殖收入，牧民的养殖意愿也显著下降。

三、存在的突出问题

（一）传统饲养习惯和千家万户分散饲养制约着细毛羊生产水平的提高

目前，在我国的农村牧区，细毛羊基本上是实行千家万户分散饲养。在农区由于农业产业结构调整，充分调动了农户发展细毛羊的积极性，种草养羊、舍饲养羊、科学养羊在我国农村正在兴起，发展势头强劲。但是，还存在一些问题，如良种化水平不高、基础设施简陋、设备落后、饲养管理粗放、农牧户科技文化素质低、市场观念差、科学技术普及推广困难等。在牧区，细毛羊大多处于靠天放牧状态，夏秋季节水草丰美则肥壮，冬春季干草枯则瘦弱。而且由于过度放牧，长期超载，致使草场"三化"严重。营养不良状况严重地阻碍了细毛羊的生长发育，影响羊肉羊毛的产量和品质。细毛羊业是牧民收入的一项重要产业，由于生态经济条件和科学文化素质的制约，饲养管理和经营比较粗放，不少地区至今仍未摆脱靠天养畜的局面。这种分散经营和粗放管理方式，在市场经济迅速发展的今天，不能充分有效地利用当地资源；不能目标明确地批量生产适销对路的产品；不能有效地进入市场和参与市场竞争；不利于采用先进实用的综合配套技术，提高产品的产量和质量；不利于抗御自然或人为灾害，严重制约细毛羊产业的进一步发展。

（二）细毛羊品种良种化程度低，生产力水平不高

尽管我国在引入国外优良品种、开展杂交改良、培育生产力高的细毛羊品种，以及在选育提高地方品种方面做了大量的工作，取得了显著成效。但时至今日，我国细毛羊良种化程度依然不高，生产水平较低，这就大大影响了我国细毛羊产业总体生产水平和产品质量的提高，使我国细毛羊产业水平与发达国家相比差距较大。在细毛羊产业发达的国家，目前，已基本上实现了品种良种化、天然草场改良化和围栏化，以及饲料生产工厂化、产业化，主要生产环节机械化，并广泛利用牧羊犬，同时，电子商务技术也得到了广泛应用，整个细毛羊产业生产水平和劳动生产率相当高。对比之下我国在细毛羊产业方面存在诸多差距。

（三）生产体系不健全

在国外，细毛羊产业建立了种羊生产、细毛羊扩繁和羔羊肥育生产体系。在美国，羔羊断奶后，即从草原转至农区育肥；新西兰专业化繁育场羔羊 5~6 周龄断奶，强度育肥，4 月龄出栏。一些国家实行超早期断奶，大力推广使用代乳料，并采用同期发情、超数排卵、胚胎分割和移植等先进的生物技术，使肥羔生产形成集约化、产业化、工厂化。

目前，我国大多数细毛羊产区还是小规模粗放饲养、自然繁育，致使品种退化。因此，推进细毛羊生产体系建设，改善羊群质量、加强科学管理、提高羔羊生产性能和产肉产毛率势在必行。

（四）盲目引种，混乱杂交

品种利用混乱，缺乏合理长远规划，混乱杂交问题严重，造成细毛羊质量严重下降。20 世纪 90 年代以来，国内很多地方陆续从国外引入大批细毛羊品种，与本地羊进行杂交，改良生产肉毛兼用羔羊，取得了一定的效果。然而，我国引入的细毛羊新品种仅有少数在企业和科研单位进行繁育提纯，而大多数都直接流入市场，品种质量和杂交效果又无法进行监测。另外，引入的细毛羊品种，由于没有系统的技术指导，养羊户还不能确立科学的杂交组合，形成乱交乱配的混乱局面，甚至出现近交，不但没有提高细毛羊的生产性能，反而使细毛羊的质量和性能下降。

四、国外细毛羊产业发展趋势

（一）绵羊逐渐由毛用、毛肉兼用转向肉毛兼用或肉用

随着对羊肉需求量增长，羊肉价格的提高，单纯生产羊毛而忽视羊肉生产从经济上是不合算的，因而绵羊的发展方向逐渐由毛用、毛肉兼用，转向肉毛兼用或肉用，并由生产成年羊肉转向生产羔羊肉。羔羊出生后最初几个月生长快、饲料报酬高，生产羔羊肉的成本较低，同时羔羊肉具有瘦肉多、脂肪少、鲜嫩、多汁、易消化、膻味轻等优点，备受国内、国际市场欢迎。在美国、英国每年上市的羊肉中 90% 以上是羔羊肉，在新西兰、澳大利亚和法国，羔羊肉的产量占羊肉产量的 70%。欧美、中东各国羔羊肉的需求量很大，仅中东地区每年就进口活羊 1 500 万只以上。一些养羊比较发达的国家都开始进行肥羔生产，并已发展到专业化生产程度。

近 10 年来，随着冷藏工业的迅速发展，羊肉特别是肥羔肉需求量大，羊肉价格提高，所以饲养兼用品种尤其是肉毛兼用品种，比单纯饲养毛用型更为经济

合算。法国、美国和新西兰等国均扩大了肉毛兼用品种的饲养量,新西兰肉毛兼用羊占绵羊总数的98%,美国、法国等均超过50%,形成了"肉主毛从"的绵羊生产。就连以生产优质细毛垄断国际市场的澳大利亚,目前饲养兼用品种的数量,也占其绵羊总数的35%左右。

（二）细毛羊生产专业化

细毛羊羊肉特别是肥羔肉,瘦肉多、脂肪少、肉质鲜嫩味美,深受国际市场欢迎。因此,一些养羊业发达的国家,在繁育早熟肉用品种的基础上,通过杂交手段,进行规模化饲养,实行肥羔的专业化生产,肥羔肉产量增长很快。由于肥羔生产周转快,成本低,产品率高,经济效益好,因此肥羔生产呈发展趋势。新西兰利用人工草场放牧肥育,羔羊于4～5月龄屠宰,体重达36～40kg;美国每年上市肥羔肉占整个羊肉量的94%。

自20世纪90年代中期开始,人们对服饰的需求逐渐向自然、舒适、轻薄、柔软的趋势发展。随着毛纺技术进步,越细的羊毛纺织价值越高,其产品的附加值也高。因此,毛纺企业对21.5μm以下的羊毛需求显著增加。

（三）饲养方式发生变化

一些养羊发达国家,建立了人工草场和改良天然草场,最大限度地提高载畜量和产品率。例如,澳大利亚的人工草地占66.5%,英国占64.5%,且多设有人工围栏,这使养羊业摆脱了"靠天养羊"的局面。新西兰政府和农场都非常注重草场改良和人工草场建设。农场对人工草场建设,每公顷一次性投入1 200新西兰元左右,播种的牧草主要有黑麦草和三叶草;草场围栏的总长度80.5km×104km,围栏面积占全国草场面积的90%以上;用牛、羊混合放牧来调节牧草高度和草生状况;研究土壤—草场—家畜生态系统,让三者最佳结合,获得最大的经济效益。饲草饲料的种植、收割和加工全部实行机械化;喂饲、饮水、剪毛、药浴等生产过程也都靠机械来完成。

由于育种、畜牧机械、草原改良及配合饲料工业等方面的技术进步,细毛羊饲养方式由过去靠天养畜的粗放经营逐渐被集约化经营生产所取代,从而大大提高了劳动生产率。

五、我国细毛羊产业发展的特点

（一）养殖方式逐步由放牧转变为舍饲和半舍饲,从牧区转向农区

以往我国传统牧区养羊主要是以草原放牧为主,很少进行补饲和后期精饲料育肥,这种饲养方式的优点是生产成本低廉,但随着草地载畜量的逐年增加,很容易对草地资源造成破坏。同时,这种饲养方式周期较长,肉质较粗糙,且肌间脂肪沉积量较少,口感较差,要求的烹制时间较长,经济效益也较差。目前,在

部分条件较好的农区，对肉羊进行后期育肥或全程育肥的饲养方式越来越普遍。舍饲既是发展优质高档羊肉的有效措施，也是保护草原生态环境、加快肉羊业发展的重要途径。

（二）千家万户分散饲养正在向相对集中方向转变

目前，我国羊肉生产中千家万户的分散饲养仍然是主要的饲养方式。在农村特别是在中原和东北以及西部牧区，随着标准化规模养殖以及牧民定居工程的实施，羊的饲养规模已经出现了逐步增大的趋势，饲养规模在百头以上的养殖大户和养殖小区数量也有了较大幅度增加。

（三）注重多胎肉羊的培育工作

羊肉在人们肉类消费中的不断上升，不仅刺激了绵羊生产方向的变化，而且使羊肉生产向集约化、工厂化方向转变，引起了人们对多胎绵羊品种的重视，利用途径主要集中在利用湖羊（Pinnsheep）、小尾寒羊（Romanov）等品种资源来培育新的生产性能更高的多胎品种；利用多胎品种进行广泛的经济杂交来生产肥羔，并向多元杂交发展。如澳大利亚，根据市场发展需求，利用美利奴×边区来斯特×肉用短毛羊（如无角道赛特）三元杂交方式生产肥羔。

（四）高频高效繁殖及繁殖管理技术体系

该体系技术要点主要包括：公羊生殖保健与优化人工授精体系；采用现代微量分析测试技术对母羊进行生殖能力的检测；采用外源激素对非繁殖季节和繁殖季节的母羊实行有效的发情控制，按市场需求组织母羊的繁殖，生产反季节的羊产品，获取最高的经济效益；在保证营养供给的基础上加快母羊繁殖频率。包括母羊一年两产或两年三产；当年母羔当年配种；采用生殖免疫技术和利用多胎品种的遗传潜力使母羊多产羔，提高母羊繁殖率，采用营养调控技术保证羊群的高效高频繁殖目标；采用免疫学和先进的仪器设备对母羊实行有效的发情鉴定和早期妊娠诊断，减少繁殖损失；建立羊群高频繁殖的计算机管理体系，发挥多学科技术的集合优势，使养羊生产实现高效益。

（五）注重草场建设

为了提高草地载畜量，降低肉羊生产成本，改良天然草场，建设人工草地，并采用划区轮牧技术，对原有的可利用草场，运用科学方法进行大范围改良，提高单位面积载畜量和牧草质量，在草场资源匮乏的地区建立人工草地，从而解决或缓解牧草短缺与饲养之间的矛盾，推动畜牧业发展。我国近些年来全面贯彻落实草畜平衡、禁牧休牧、基本草原保护三项基本制度，稳定草原家庭承包责任制，实施了退牧还草等项目建设，以及草原生态奖补机制，积极探索草原流转，建立草原生态科学评价体系，使草原生态环境得到明显的改善。

（六）研究和推广新技术

注重对羊产业发展相关技术的研究，如集约化肉羊生产所必需的繁殖控制技术、繁殖利用制度、饲养标准及羊常用饲料营养参数评定、饲料配方、育种技术、农副产品和青粗饲料加工利用技术，以及工厂化、半工厂化条件下生产肉羊的配套设施、饲养工艺和疫病防治程序等。目前推广应用的技术如将 CT 扫描技术应用于活羊肉用性状检测，提高了对肉用性状选种的精确度；在提高母羊繁殖力方面，利用超声波技术对妊娠母羊群进行大范围检测，对怀双羔或三羔母羊提供优良草场，实行分群、分栏放牧饲养；淘汰连续两年产单羔的母羊，以期提高母羊的繁殖力；另外，内窥镜输精技术也得到大范围应用。

第二章　细毛羊高效生产技术路线

第一节　细毛羊高效生产技术路线

一、培育毛肉兼用（或肉毛兼用）细毛羊新品种

中国细毛羊业的发展应适应世界养羊业的发展趋势，调整毛肉羊的比例，使其有合理的结构，走毛、肉、皮等综合开发的道路。根据各地的实际情况，一方面要继续巩固提高现有细毛羊的生产性能和羊毛综合品质，特别是发展超细型羊毛；另一方面为了适应市场需求，丰富细毛羊品种结构，培育毛肉兼用（或肉毛兼用）新品种，向肉毛兼用方向转变。

技术路线：以德国肉用美利奴羊、南非肉用美利奴羊等品种为父本，以较低等级细毛羊为母本育成杂交，采用核心群、育种群和改良群三级开放式育种模式，应用胚胎移植生物技术和绵羊人工授精等现代育种技术，个体鉴定、等级评定和系统选育的方法，培育具有生长发育快、肉质好、产毛性能好、适应性强的毛肉肉毛兼用新品种。

如吉林省坚持"保毛增肉"的基本原则，确定了以德国肉用美利奴羊为父本及半血特克塞尔为父本，与当地细毛母羊杂交的优化组合。尤其是导入四分之一特克塞尔血的细毛羊群，羊毛长度达 9cm，细度以 60 支为主体，形成了强毛型群体（东北细毛羊肉用类型）。目前已引进南非肉用美利奴羊为父本开展经济杂交，建立肉毛兼用的繁育群体，为进一步开展三元经济杂交奠定基础。

二、细毛羊的杂交利用

肉羊产业的兴起，对细毛羊业造成了冲击，严重影响了细毛羊生产者的积极性，近些年来，在全国细毛羊产区，"倒改"现象日益突出。但是，发展肉羊与细毛羊并不矛盾，而且细毛羊是发展肉羊的基础，利用细毛羊与肉羊品种杂交是澳大利亚等养羊业发达国家生产肉羊的主要手段。

（一）亲本选择

1. 母本选择

要求母羊应具有羊毛品质较好、繁殖力较高、母性好、产乳多、适应性好等特点。如新疆细毛羊、中国美利奴羊等。

2. 父本选择

要求品种纯度高、体型大、生长速度快、饲料报酬高、肉质好、净肉率高、羊毛品质较好。如德国美利奴羊、南非肉用美利奴羊等品种。

（二）杂交选配方案

1. 经济杂交

即两个品种间的杂交，其后代全部用于商品生产。杂交一代吸收了父本个体大、生长发育快、肉质好和母本适应性好、繁殖力高的双亲特点。试验表明，两品种杂交，子代产肉量比父母品种平均值提高 12%。如在放牧条件下，用新疆细毛羊与德国美利奴公羊杂交，杂交一代羔羊 7 月龄胴体重、净肉重分别比新疆细毛羊提高 5.74kg 和 3.88kg。张若孝等（1994 年）用中国美利奴羊与无角陶赛特公羊杂交一代放牧条件下日增重为 190g，提高 25.62%，7.5 月龄胴体重 16.78kg，提高 50.69%。

2. 三元杂交

即 3 个品种间的杂交。把两个品种杂交得到的杂种母羊与第三个品种公羊交配，其后代为三品种杂种。三元杂交比二元杂交好，既利用子代杂交优势，又利用母本杂交优势，使 3 个品种的优点集中在杂种后代上。

3. 轮回杂交

两个品种或三个品种公、母羊之间不断轮流杂交，逐代都能保持一定的优势。轮回杂交可大量使用杂交母羊，只需少量纯种父本即可连续杂交。优点是可利用个体杂种优势和母本优势。一般轮回杂交效果比三元杂交稍低。两品种轮回杂交使羔羊平均体重增加 15%，3 个品种轮回杂交增加 19%。

第二节 细毛羊两年三产高频繁殖技术路线

一、两年三产高频繁殖技术

细毛羊主要是季节性繁殖，一年产一胎。随着现代集约化、规模化肉羊生产发展起来的高效生产体系，使细毛羊一年四季发情配种，达到全年均衡产羔、科学管理的目的，这个体系有固定的配种和产羔计划。为了达到两年三产，每 8 个月产羔 1 次，羔羊一般 2 个月断奶，母羊在羔羊断奶后 1 个月配种。如 9 月配种，2 月产羔；5 月配种，10 月产羔；1 月配种，6 月产羔。

在生产中，羊群分成 8 个月产羔间隔相互错开的 4 个组，每 2 个月安排 1 次生产。因此，每 2 个月就有一批羔羊上市。生产效率比常规体系增加 40%。

两年三产高频繁殖技术是一项复杂的系统工程。母羊应具备常年发情、多产多胎特性，公羊为优质种公羊；要求具有良好的饲养管理条件；采取同期发情、人工授精、羔羊早期断奶等技术；技术力量雄厚，具有良好的组织协调能力，否则难以达到预期效果。

二、两年三产高频繁殖技术试验例证

任玉平等 2009～2010 年在新疆巩留县阿尕尔森乡进行两年三产同期发情试验。实施羔羊早期断奶，并于断奶后 30d 对 200 只母羊进行同期发情处理，第二产羔羊在 2009 年 11 月产出；2010 年 3 月从第二产的 200 只试验羊中选择 88 只母羊进行同期发情处理，第三产羔羊于 2010 年 9 月产出。

（一）试验材料

试验选择健康、膘情中上等、泌乳性能良好、年龄在 2～4 岁、产羔时间在 50d 以上成年母羊 488 只（次）（第一产 200 只，第二产 200 只，第三产为 88 只），编号记录后采用放牧＋补饲的养殖方式。

试验药品均购自石河子大学动物科技学院。

（二）处理方法

在埋阴道海绵栓的同时，肌注孕酮 1ml。母羊 14d 后撤栓，撤栓同时肌注 PMSG500IU。撤栓后 36h 通过阴道检查法鉴定并授精。并于第一次输精的同时颈静脉注射 12.5μg 促排 3 号。两次输精间隔时间为 8h，输精量 0.1ml。

（三）试验结果

第一产为自然发情，其产羔率记录为 100%。第二产、第三产 288 只（次）所进行同期发情后通过阴道检查法判定发情。125 只发情好，107 只发情一般，56 只羊发情差或未发情。第二发情期人工授精后将公羊与母羊混群，放牧员进行观察记录，根据放牧后发情配种情况和人工授精情况进行受胎率的统计。根据配种日期确定在妊娠期内：第二产 200 只试验羊中 4 只流产，147 只产羔，49 只未产羔，第二产总受胎率 = 151/200 × 100% = 75.5%。第三产 88 只试验羊经妊娠鉴定有 78 只妊娠，第三产总受胎率 = 78/88 × 100% = 88.64%（表 2 - 1）。

表 2 - 1　新疆细毛羊两年三产同期发情试验

母羊数量 （只）	发情 好	发情 一般	发情差或 未发情	返情数 （只）	返情率 （%）	第一情期 受胎率（%）	妊娠羊数 （只）	情期 受胎率（%）
200 只（第二产）	79	75	46	72	36	64	151	75.5
88 只（第三产）	46	32	10	11	12.5	87.5	78	88.64

第三节　细毛羊早期断奶育肥出栏技术路线

细毛羊早期断奶直线育肥技术，是现代养羊业优质高效的标志，是实现高效养羊生产的关键。

一、羔羊生长发育规律

羔羊前期 4~6 月龄生长最快，以哺乳为主，体重的增加主要是肌肉和骨骼生长；后期以饲草料为主，主要是脂肪沉积。1.5 岁停止生长。

二、早期断奶直线育肥方法

（一）早期断奶

在常规 3~4 月龄断奶基础上，将哺乳期缩短到 40~60d，利用羔羊在 4 月龄内生长速度最快的特性，将早期断奶后羔羊强度育肥，发挥其优势，在较短的时间内达到预期的目标。

早期断奶可以缩短母羊哺乳期，恢复体况，提早发情、配种；促进羔羊瘤胃和消化道的发育；适应规模化、集约化经营的发展趋势，达到全进全出的生产要求。

（二）断奶标准

体格健壮，采食正常，体重 15~20kg。断奶有一次性断奶和逐渐断奶方法。一次性断奶即将母仔分开后不再合群。断奶后，羔羊仍在原羊舍饲养，尽量保持原来的环境。逐渐断奶法主要适用于产羔不集中或母羊奶量较多时，逐渐减少哺乳次数，直至断奶。

断奶时间：舍饲羔羊应 45~60d 断奶；放牧 + 补饲细毛羊 60~90d 断奶；放牧细毛羊 90~120d 断奶。

（三）直线育肥

羔羊直线育肥具有周期短、肉质好、日增重高、效益好的特点。

直线育肥目标：羔羊 7d 补饲全价颗粒代乳料、优质干草、多汁饲料，早期断奶（60～80d），育肥50～60d。细毛羔羊日增重250g以上；杂交羔羊日增重300g以上，120d体重40kg以上。

三、羔羊早期断奶育肥例证

要实现细毛羊高效生产就必须推广羔羊早期断奶，利用羔羊生长速度快、饲料报酬高、羔羊肉嫩味美等特点开展羔羊育肥。推广运用羔羊早期断奶技术，可促使母羊提前结束泌乳，尽快进入再繁殖生产过程。在充分发挥母羊繁殖性能的同时进行羔羊早期培育，实现肥羔的反季节生产，向市场提供批量、优质羔羊肉。

任玉平等（2010年）在新疆巩留县阿尔尔森乡对新疆细毛羊F_1代羔羊进行早期断奶育肥试验。

（一）试验材料与方法

选择日龄在40～60d的90只南非肉用美利奴与新疆细毛羊的F_1杂交羔羊，其中试验组30只，对照组Ⅰ30只，对照组Ⅱ30只。试验组与对照组公母羔比例相同，并且体重差异不显著；组间差异不显著（$P>0.05$）。

（二）试验指标测定

试验羔羊每月进行体重、体尺指标测量，每个阶段饲草料消耗量，6月龄屠宰时测定胴体重、肉重、骨重等指标。

（三）饲养管理

羔羊10d开始诱导开食，羔羊60d断奶后进行育肥试验，预试期10d，育肥期113d，分为5个阶段。试验组代乳料配方、日粮配方、饲草料成分测定表分别见表2－2、表2－3和表2－4。对照组Ⅰ为玉米＋麸皮＋干草，玉米占精料量的80%左右，与试验组精料饲喂量相同。对照组Ⅱ为以放牧为主，每日补饲精料不超过0.2kg。

表2－2　羔羊早期断奶代乳料配方表

	炒香碎玉米粒	炒香碎黄豆粒	炒香碎大麦粒	麸皮	预混料	糖	合计
比例（%）	41.2	30.9	10.3	7.4	5	5.2	100

表2－3　试验组羔羊育肥饲料配方表

阶段	玉米（%）	豆粕（%）	葵粕（%）	麸皮（%）	预混料（%）	碳酸氢钠（%）	精料量（kg/d）	野干草（kg/d）	苜蓿（kg/d）
第一阶段 1～25d	62	20	10	3	5		0.8	0.2	0.2
第二阶段 26～55d	62	20	10	3	5		1	0.2	0.2

续表

阶段	玉米（%）	豆粕（%）	葵粕（%）	麸皮（%）	预混料（%）	碳酸氢钠（%）	精料量（kg/d）	野干草（kg/d）	苜蓿（kg/d）
第三阶段 56~75d	57	10	15	3	5		1	0.3	0.2
第四阶段 76~92d	67	5	15	8	5		1.2	0.3	0.2
第五阶段 93~113d	70	5	15	4	5	1	1.4	0.3	0.2

表2-4　饲草料主要成分百分含量测定表

	水分（%）	粗蛋白（%）	粗脂肪（%）	粗纤维（%）	钙（%）	磷（%）	粗灰分（%）	初水分（%）
玉米	16.60	7.63	3.05	2.34	0.0064	0.37	0.683	
大麦	11.60	15.50	2.09	4.36	0.027	0.48	1.41	
豆粕	12.10	44.80	0.60	4.45	0.087	1.00	5.85	
葵粕	9.47	28.10	2.25	26.40	0.120	1.19	5.29	
麸皮	15.10	13.40	2.84	10.90	0.029	1.10	5.12	
野干草	9.91	6.50	1.34	28.50	0.170	0.18	6.57	
麦草	7.40	3.00	0.61	44.20	0.140	0.20	8.53	
青贮玉米秸	6.76	1.88	0.42	6.83	0.031	0.28	1.83	79

注：新疆维吾尔自治区分析测试研究院测定

（四）结果与讨论

1. 体尺、体重变化情况详见表2-5。

由表2-5中可以看出试验组增重和日增重均高于对照组Ⅰ，但差异不显著（$P > 0.05$），并且显著高于对照组Ⅱ（$P < 0.05$）。体高、体长、胸围试验初始和结束时测定数据在3组之间均差异不显著（$P > 0.05$）。试验结束时测定管围数据在试验组与对照组Ⅰ之间差异不显著（$P > 0.05$），而试验组和对照组Ⅱ以及对照组Ⅰ与对照组Ⅱ之间差异显著（$P < 0.05$）。

表2-5　不同饲喂阶段羔羊体尺、体重测定变化结果

		体重（kg）	体高	体长	胸围	管围	增重（kg）	日增重（kg）
预饲期 10d	试验组	17.80±5.37	50.38±3.64	56.38±4.93	61.92±7.03	6.60±0.62		
	对照组Ⅰ	18.13±3.77	51.46±2.37	57.08±3.75	64.46±5.70	6.80±0.44		
	对照组Ⅱ	14.63±3.62	47.11±2.52	52.00±3.74	57.89±3.30	6.40±0.46		
试验期 113d	试验组	39.88±8.53	60.00±2.87	73.00±3.81	83.12±6.41	7.73±0.63	21.60	0.191
	对照组Ⅰ	38.00±6.42	62.00±2.42	73.58±5.18	82.77±5.57	7.54±0.38	19.64	0.174
	对照组Ⅱ	21.94±2.40	53.89±3.10	62.44±3.64	70.56±3.68	7.20±0.26	7.61	0.067

2. 屠宰试验结果

试验组和对照组 1 各选择体重相当的 3 只公羔进行屠宰测定，结果见表 2 - 6。

由表 2 - 6 可知，试验组在宰前活重、胴体重、屠宰率等指标均高于对照组 I，但差异不显著（$P > 0.05$）。

表 2 - 6　屠宰试验结果

	羊数（只）	宰前活重（kg）	胴体重（kg）	肉重（kg）	骨重（kg）	屠宰率（%）	净肉率（%）	胴体净肉率（%）	头重（kg）	蹄重（kg）
试验组	3	48.33 ±9.83	24.35 ±4.78	18.83 ±3.75	5.57 ±1.07	50.45 ±0.03	39.03 ±0.03	77.30 ±0.02	2.7 ±0.48	1.22 ±0.13
对照组 I	3	44.2 ±3.75	21.35 ±2.28	15.93 ±1.95	5.42 ±0.63	48.25 ±0.01	35.99 ±0.02	74.56 ±0.03	2.43 ±0.31	1.05 ±0.05

3. 肉品质分析

由表 2 - 7 可见羔羊肉氨基酸中谷氨酸、赖氨酸的含量较高。在与羊肉鲜味有关的氨基酸中谷氨酸、天门冬氨酸、丙氨酸均含量较高，只有甘氨酸略低。pH 值为 5.63，粗蛋白 20.9%，粗脂肪 5.29%，粗灰分 1.04%。试验羔羊肉品质为优质。

表 2 - 7　羔羊肉营养成分测定表

氨基酸种类	营养成分	氨基酸种类	营养成分
天门冬氨酸	1.80	赖氨酸	2.52
谷氨酸	3.28	色氨酸	0.21
丝氨酸	0.73	水分	73.80
甘氨酸	0.81	粗蛋白	20.90
组氨酸	0.95	粗脂肪	5.29
精氨酸	1.45	粗灰分	1.04
苏氨酸	0.71	pH 值	5.63
丙氨酸	1.10	C14:0（%）	2.10
脯氨酸	0.82	C16:0（%）	25.00
酪氨酸	0.56	C16:1（%）	2.30
缬氨酸	0.76	C18:0（%）	14.80
蛋氨酸	0.53	C18:1（%）	49.20
胱氨酸	0.13	C18:2（%）	3.90
异亮氨酸	0.60	C18:3（%）	0.20
亮氨酸	1.65	环境温度（℃）	25.00
苯丙氨酸	0.80	环境湿度（%RH）	35.00

　　实验测得羔羊肉中不饱和脂肪酸含量高于饱和脂肪酸含量，不饱和脂肪酸对人体有很好的保健作用，能降低饱和脂肪酸造成心血管疾病的风险，表现为较高的营养价值。

　　4. 经济效益分析

　　根据市场价格计算玉米、豆粕、葵粕、麸皮、预混料的价格在每千克分别为：1.55 元、3.8 元、1.4 元、1.5 元、7.8 元。羊活重按每千克 18 元计算，试验组和对照组 I 羔羊增重折价分别为：388.8 元、353.52 元。试验组和对照组 I 每只羔羊盈利 90.51 元、120.35 元（表 2-8）。

表 2-8　经济效益分析　　　　　　　　　　（单位：kg，元）

| | 精料 | | 粗料 | | 草料成本 | 只均增重折价 | 均只盈利 |
	饲喂量	单价	饲喂量	单价			
试验组	119.8	2.1	51	0.95	298.29	388.8	90.51
对照组 I	119.8	1.54	51	0.95	233.17	353.52	120.35

　　5. 结论

　　（1）增重分析　试验组高于对照组 I 并且显著高于对照组 II。分析试验组与对照组 I 出现增重差异不显著为羔羊饲喂过程中没有及时将两组羔羊分开，造成两组羔羊有 10~15d 同食试验组饲料所致。南非肉用美利奴与新疆细毛羊 F_1 杂交羔羊通过舍饲育肥后明显提高羔羊增重效果。

　　（2）屠宰试验分析　屠宰测定试验结果显示试验组的各项指标均高于对照组 II。在满足羔羊营养需要量的情况下开展羔羊育肥能够取得较好的效果。

　　（3）经济效益分析　本试验采用绿色饲料原料配方，羔羊肉口感细腻、无膻味、品质上等，能够比市场上销售的其他羊肉多卖 3~5 元/kg。

　　羔羊育肥产业的发展可以缩短出栏周期，提高屠宰率和经济效益。随着社会经济水平的提高，羊肉以胆固醇含量低、蛋白质含量相对较高的特点成为人们选择的肉类食品。在人们更加关心食品安全的当今社会，绿色羊肉具有价高有市的发展空间，发展绿色羔羊育肥产业，可促进羔羊肉产业的快速发展，提高羊肉生产的安全性，增加农牧民经济收入。

第三章　高效生产的细毛羊品种

第一节　细毛羊的品种特点

细毛羊特点是头部较宽，鼻梁较平直，公羊多有螺旋形大角，母羊无角，耳较小；颈部较长，多有横皱褶或纵皱襞；胸部发育较好，胸深而宽，背腰较平直；尾细而长，为长瘦尾；四肢强健；被毛为白色，细度 60 支以上，毛长 6 ~ 7cm 以上，油汗多为白色或乳白色，毛被闭合良好，密度大，弯曲整齐，羊毛着生良好，腹毛呈毛丛结构。毛为同质毛，产毛量一般为其体重的 10% 以上。根据体型外貌和生产性能分为毛用细毛羊、毛肉兼用细毛羊和肉毛兼用细毛羊。

一、毛用细毛羊

以产毛为主。皮肤与骨骼发达，肌肉和脂肪组织相对不发达。体格较小，公羊颈部有 1 ~ 3 个横皱褶，母羊颈部有明显的纵皱褶，头部、腹部与四肢毛着生良好。产毛性能高，被毛综合品质好。每千克体重产净毛 60 ~ 70g。如中国美利奴羊、澳洲美利奴羊等。

二、毛肉兼用型细毛羊

除有较高的产毛性能外，还有良好的产肉性能。体躯宽大而丰满，公羊有发达的螺旋形角，颈部有 1 ~ 2 个横皱褶，母羊有较发达的纵皱褶。体躯皮肤皱褶较少或没有皱褶，肌肉与脂肪组织发达。每千克体重产净毛 40 ~ 50g。如新疆细毛羊、东北细毛羊等。

三、肉毛兼用细毛羊

产肉产毛性能均较好。体大丰满，早熟，公羊大多无角。全身皮肤无皱褶或仅有小皱褶。颈短粗，胸宽，体深，肌肉发达，肉用体型明显。每千克体重产净毛 30 ~ 40g。如德国美利奴羊、南非美利奴羊。

第二节 细毛羊的品种

一、澳洲美利奴羊

澳洲美利奴羊产于澳大利亚。以毛长、毛密、净毛量高、羊毛品质优良著称于世，是世界上最著名的细毛羊品种。

（一）外貌特征

澳洲美利奴羊体格中等，体质结实，体型近似长方形。头短，腿短，颈宽，背部平直，胸部宽深，后躯肌肉丰满。每个类型中又分为有角和无角两种。公羊颈部有 1 ~ 3 个横皱褶，母羊有发达的纵皱褶，体躯皮肤宽松，部分羊后肢和尾根部有明显皱褶。头部细毛密生着毛至两眼线，呈毛丛结构，四肢细毛覆盖良好，前肢达腕关节，后肢达飞节。羊毛密度大，呈闭合性毛丛。全身各部位羊毛长度与细度均匀。油汗颜色为白色或乳白色，羊毛弯曲度均匀整齐明显，光泽良好。腹毛密长，呈毛丛结构。

（二）生产性能

该品种根据体重、羊毛长度和细度分为强毛型、中毛型和细毛型、超细型。剪毛量、净毛率及羊毛长度等性状，以强毛型为最高。

1. 强毛型

公羊体重 70 ~ 100kg，产毛量 8 ~ 14kg；母羊体重 42 ~ 48kg，产毛量 5 ~ 6.3kg。毛长 10cm，细度 58 ~ 60 支，净毛率 60% ~ 65%。适合干旱草原地区饲养。

2. 中毛型

公羊体重 65 ~ 90kg，产毛量 8 ~ 12kg；母羊体重 40 ~ 44kg，产毛量 5 ~ 6kg。毛长 9cm，细度 60 ~ 64 支，净毛率 62% ~ 65%。适合干旱平原地区饲养。

3. 细毛型

公羊体重 60 ~ 70kg，产毛量 7.5 ~ 8kg；母羊体重 34 ~ 42kg，产毛量 4.5 ~ 5kg。毛长 8.5cm，细度 64 ~ 66 支，净毛率 63% ~ 68%，适于多雨丘陵山区饲养。

4. 超细型

公羊体重 50 ~ 60kg，产毛量 7 ~ 8kg；母羊体重 34 ~ 40kg，产毛量 4 ~ 4.5kg。毛长 7 ~ 8.7cm，细度 70 支，净毛率 65% ~ 70%，适于多雨丘陵山区饲养。

1972 年以来，我国多次从澳大利亚引入澳洲美利奴羊，对改善我国细毛羊的羊毛品质，特别是提高毛长、净毛率、改善羊毛弯曲和油汗色泽等方面效果显著，是培育中国美利奴羊的主要父本之一。

二、德国美利奴羊

德国美利奴羊原产于德国，是肉毛兼用细毛羊品种，该品种具有美利奴羊的基本特征，且肉用性能特别好。是培育中国美利奴无角品系和肉毛兼用品系的主要父本。

（一）体型外貌

该品种早熟、体格大，羔羊生长发育快，产肉多，肉用性能好，繁殖力高，被毛品质好。公、母羊均无角，颈部及体躯皆无皱褶。体格大，胸深宽，背腰平直，肌肉丰满，后躯发育良好。被毛白色，密而长，弯曲明显。

（二）生产性能

成年公羊平均体重 100～140kg，母羊 70～80kg，日增重可达 300～350g，屠宰率 47%～49%，毛长：公羊为 9～11cm，母羊为 7～10cm。母羊毛细度为 64 支，公羊为 60～64 支。公羊剪毛量为 7～10kg，母羊为 4～5kg。净毛率 50% 以上，产羔率为 150%～250%。羔羊生长发育快，日增重 300～350g，130d 活重可达 38～45kg，胴体重 22kg，屠宰率 47%～49%；德国肉用美利奴羊具有高的繁殖能力，性早熟，12 个月龄前就可第一次配种，产羔率为 150%～250%。母羊保姆性好，泌乳性能好，羔羊死亡率低。

该品种与细毛羊杂交，后代具有显著的杂交优势和肉用特征，出生体重大，生长发育快，产肉性能好。是用于增加细毛羊产肉量的首选品种。

三、南非肉用美利奴羊

南非肉用美利奴羊是一个肉毛兼用型品种。公、母均无角，被毛白色、同质，不含死毛，羊毛平均细度 21～23μm（64 支），成年公羊剪毛量 4.5～6kg，成年母羊剪毛量 4～4.5kg，净毛率 65%～70%，毛丛自然长 8.2cm，细度变异系数 19.0%。成年公羊体重 120～130kg，成年母羊体重 75～80kg。在放牧条件下，平均产羔率 150%，营养充足的条件下，产羔率可达 250%。放牧条件下，100d 羔羊活重平均 35kg。

南非肉用美利奴羊饲料转化率高，在羔羊舍饲育肥阶段，饲料转化率为 3.91∶1。南非肉用美利奴羊泌乳量高，母羊性情温顺，母性好，最高日泌乳量达到 4.8L，正常情况下可以哺乳 2～3 只羔羊，是理想的肉用羊母系品种。

四、新疆细毛羊

新疆细毛羊是我国育成的第一个细毛羊品种，为毛肉兼用型细毛羊。对我国绵羊改良起到了重要的作用。

（一）体型外貌

新疆细毛羊体质结实，结构匀称，体躯深长，胸部宽深，背宽平，腹线平直，后躯丰满，四肢粗壮，蹄质结实。公羊大多有螺旋形角，鼻梁微有隆起，颈部有 1~2 个完全或不完全的横皱褶。母羊无角，鼻梁呈直线或近于直线，颈部有一个横皱褶或发达的纵皱褶，体躯无皱，皮肤宽松。羊体毛被闭合良好。头毛着生至眼线，前肢毛至腕关节，后肢毛至飞节或飞节以下。

（二）生产性能

剪毛后体重：成年公羊平均 88kg，成年母羊平均 48.61kg；剪毛量：成年公羊 11.57kg，成年母羊 5.24kg；净毛率 48.06% ~51.53%。12 个月毛长，成年公羊 9.44cm，成年母羊 7.21cm，羊毛细度 64 支为主体，油汗颜色以乳白及淡黄色为主。经产母羊产羔率 130% 左右。屠宰率 49.47% ~51.39%。

新疆细毛羊具有善牧耐粗饲、增膘快、生活力强和适应性强和适应严酷气候的特点。但羊毛品质、体型结构、产肉性能仍需继续改善和提高。

五、东北细毛羊

主要分布在辽宁、吉林、黑龙江三省的西北部平原和部分丘陵地区。

（一）体型外貌

体质结实，结构匀称，体躯长，后躯丰满，姿势端正。公羊有螺旋形角，颈部有 1~2 个完全或不完全的横皱褶；母羊无角，颈部有发达的纵皱褶。被毛白色，毛丛结构良好，呈闭合型。羊毛密度中等以上，弯曲正常，油汗适中，呈白色或淡黄色。羊毛覆盖头至两眼连线，前肢达腕关节，后肢达飞节，腹毛呈毛丛结构。

（二）生产性能

成年公羊剪毛后体重 83.66kg，成年母羊 45.03kg；成年公羊剪毛量 13.44kg，母羊 6.10kg；成年公羊毛长 9.33cm，成年母羊 7.37cm。净毛率 35% ~40%，细度以 60 支和 64 支为主。经产母羊的产羔率为 125% 左右。

六、内蒙古细毛羊

主要分布于内蒙古自治区（全书称内蒙古）等地。由美利奴羊、高加索羊、新疆细毛羊等为父本与蒙古母羊杂交育成，为毛肉兼用型品种。

该品种羊个体大，生产能力强，遗传性能稳定、体质结实、结构匀称。成年公、母羊平均体重为 91.4kg 和 45.9kg，剪毛量分别为 11kg 和 5.5kg，净毛率为 38%～50%。成年公羊毛长度平均为 10cm 以上，母羊为 8.5cm。羊毛细度 60～70 支，其中以 64 支、66 支为主。1.5 岁羯羊屠宰前体重为 50kg，屠宰率为 44.9%；成年羯羊屠宰前体重为 80kg，屠宰率为 48.4%。

内蒙古细毛羊耐粗饲，抗寒耐热、抗灾、抗病能力强。冬季刨雪采食牧草，夏季抓膘复壮快。在冬春适当补饲和正常条件下，成年、幼畜成活率达 95% 以上。

七、青海细毛羊

是用新疆细毛羊、高加索细毛羊、萨尔细毛羊为父系，西藏羊为母系，进行复杂育成杂交育成，命名为"青海毛肉兼用细毛羊"，简称"青海细毛羊"。

（一）外形特征

体质结实，结构匀称，背腰平直，四肢端正，蹄质致密。公羊有螺旋形大角，颈部有 1～2 个完全或不完全的横皱褶，母羊多数无角，少数有小角，颈部有发达的纵皱褶。被毛纯白色，呈毛丛结构，闭合性良好，密度中等以上，细毛着生头部到两眼连线，前肢到腕关节，后肢到飞节。

（二）品种特性

成年公羊剪毛后体重 72.2kg，母羊 43.02kg；成年公羊剪毛量 8.6kg，母羊 4.96kg，净毛率 47.3%。成年公羊毛长 9.62cm，母羊 8.67cm，羊毛细度 60～64 支。产羔率 102%～107%，屠宰率 44.41%。

青海毛肉兼用细毛羊体质结实，对海拔 3 000m 左右高寒牧区自然条件有很好的适应能力，善于登山远牧，耐粗放管理，在终年放牧冬春少量补饲情况下，具有良好的抗病力和适应性。

八、甘肃高山细毛羊

也叫甘肃细毛羊，主要分布于甘肃祁连山海拔 2 600～3 500m 的高山草原地带，是毛肉兼用细毛羊品种，由蒙古羊、藏羊及蒙藏混血羊与新疆羊、高加索羊通过复杂杂交，是我国培育的第一个高原细毛羊品种。

体质结实匀称。公羊有螺旋形大角，母羊无角或有小角。公羊颈部有 1～2 个横皱褶，母羊有纵皱褶。被毛纯白。四肢强健有力。公羊体重 70～85kg，母羊体重 36.3～43.8kg。羊毛细度 60～64 支，毛长 7.5～8.5cm；产羔率 113% 左右。

该品种具有适应高寒山区条件，耐粗放，生活力强的特点，可用于改良高原绵羊。

九、敖汉细毛羊

主要分布于内蒙古自治区（全书称内蒙古）赤峰市一带，由蒙古羊与高加索细毛羊、斯达夫细毛羊杂交培育而成。

多数羊的颈部有纵皱褶，少数羊的颈部有横皱褶。公羊体大，鼻梁微隆，大多数有螺旋形角。母羊一般无角，或有不发达的小角。成年公、母羊剪毛后体重为 91.0kg 和 50.0kg，毛丛长度分别为 9.8cm 和 7.5cm；剪毛量为 16.6kg 和 6.9kg，净毛率 34% ～ 42%。羊毛细度以 64 支为主。8 月龄羯羊屠宰率为 41.4%。成年母羊的产羔率为 132.75%；敖汉细毛羊具有适应能力强，抗病力强等特点，适宜在干旱沙漠地区饲养，是较好的毛肉兼用细毛羊品种。

十、鄂尔多斯细毛羊

主要分布在内蒙古鄂尔多斯境内的毛乌素地区，是以新疆细毛羊、苏联美利奴羊和茨盖羊等品种为父系，当地蒙古羊为母系培育而成。

鄂尔多斯细毛羊体质结实，结构匀称，个体中等大小。公羊多数有螺旋形角，颈部有 1～2 个完整或不完整的皱褶；母羊无角，颈部有纵皱褶或宽松的皮肤。颈肩结合良好，胸深而宽，背腰平直，四肢坚实，姿势端正。被毛闭合性良好，密度大，腹毛着生良好，呈毛丛结构。细度以 64 支为主，有明显的正常弯曲，油汗适中，呈白色。

成年公羊体重 64kg，母羊 38kg。12 月龄公羊毛长 9.5cm，母羊 8cm。成年公羊剪毛量 11.4kg，母羊 5.6kg，净毛率 38%。产羔率为 105% ～110%。

鄂尔多斯细毛羊以终年放牧为主，冬春辅以少量补饲。对风大沙多、气候干旱、草场生产力低等恶劣自然条件有较强的适应能力，具有耐粗放饲养管理、耐干旱、抓膘快等特点。

十一、中国美利奴羊

中国美利奴羊是体型一致、羊毛品质优良、品系类群丰富的优质细毛羊新品种，它的育成标志着我国细毛羊已进入世界细毛羊品种的先进行列。

中国美利奴羊是按照统一的育种计划，采用联合育种的方法，在新疆巩乃斯种羊场、紫泥泉种羊场、内蒙古嘎达苏种羊场和吉林查干花种羊场育成。

中国美利奴羊是以澳洲美利奴中毛型为父本，以新疆细毛羊、军垦细毛羊为母本，于 1985 年育成。中国美利奴羊按育种场所在地区分为中国美利奴羊新疆型、军垦型、科尔沁型和吉林型，在各类型里面各场还不断培育不同的品系。

（一）体型外貌

中国美利奴羊体质结实，体型呈长方形。头毛密长，着生至眼线，外形似帽状，鬐甲宽平，胸宽深，背腰长直，尻宽而平，后躯丰满，四肢结实，姿势端正。公羊有螺旋形角，少数无角，颈部有 1～2 个横皱褶和裙皱。母羊无角，颈部有发达的纵皱。

（二）生产性能

被毛呈毛丛结构，闭合良好，密度大。细度 60～70 支，以 64～66 支为主，体侧部 12 个月毛丛长度不短于 9cm，各部位羊毛长度与细度均匀，有明显大、中弯曲。油汗白色或乳白色，含量适中，分布均匀，体侧部净毛率 50% 以上，前肢毛至腕关节，后肢至飞节，腹部毛着生良好，呈毛丛结构。

剪毛后体重：成年公羊 91.8kg，母羊 40.9kg，育成公羊 69.2kg，母羊 37.5kg。

剪毛量：成年公羊 16.0～18.0kg，母羊 6.41kg，育成公羊 8.0～10.0kg，母羊 4.5～6.0kg。

屠宰率为 44.2%，净肉率为 34.78%，经产母羊产羔率在 120% 左右。

十二、新吉细毛羊

新吉细毛羊是新疆与吉林两地在引进优质细毛羊种羊和胚胎的基础上选育成功，是我国目前优良细型和超细型新品种。

新吉细毛羊体形呈长方形，皮肤宽松但无明显的皱褶，被毛着生丰满，头毛密长、着生至两眼连线，四肢毛着生至蹄甲上方。背腰平直，颈部发达，四肢结实。公羊颈部纵皱褶明显，在纵皱褶中有 1～2 个横皱褶。母羊颈部有纵皱褶。公羊多数有角为螺旋形，少数无角；母羊无角。细度以 19.5～22.5μm（66～70 支）为主体。成年公羊 12 月龄毛长 10cm 以上，污毛量 8～12kg，净毛率 60%～65%，剪毛后体重 75～90kg。成年母 12 月龄羊毛长 8～10cm，污毛量 5.5～8kg，净毛率 55%～60%，剪毛后体重 40～45kg。

第四章　细毛羊高效生产的繁殖技术

第一节　细毛羊的繁殖特点

一、母羊的繁殖特点

（一）性成熟

通常羔羊在 6~8 月龄时即达到性成熟，公羊性成熟的年龄要比母羊稍大一些。但这时羔羊机体尚未成熟，正处于生长发育比较迅速的阶段，过早交配严重阻碍其生长发育，且严重影响后代体质和生产性能。因此，羔羊断奶后，公母羊要分开饲养，防止早配或近亲交配。细毛羊的初配年龄以 1.5 岁为宜。或在良好的饲养管理条件下，活重达到成年羊的 70% 以上时配种。

（二）发情及排卵

母羊达到性成熟时，上一次发情结束到下一次发情结束为一个发情周期。一般为 14~20d，平均 17d。绵羊发情的持续时间因品种、年龄及繁殖季节而不同。当年母羊的发情期短，周岁左右的居中，年老的较长；在繁殖季节的初期和晚期较短；公、母羊经常在一起的发情期短些。发情持续时间为数小时到 3~4d，平均 24~48h。

绵羊发情时促性腺素的分泌量达到高峰，引起卵泡破裂和排卵。排卵后雌激素和促性腺素的分泌量显著下降，此时促黄体素和促乳素协同促进和维持黄体分泌孕酮，促使子宫和乳腺的发育。若母羊未受胎，由子宫产生的前列腺素 F2a，通过逆流传递由子宫静脉透入卵巢动脉而破坏黄体组织，使黄体退化萎缩。这时由于孕酮数量下降而解除了对丘脑下部及垂体的抑制作用，于是促性腺素又开始增加，又开始了另一个发情周期。

1. 母羊发情变化

正常发情主要有 3 个方面的表现，即卵巢变化、生殖道变化和行为变化。

（1）卵巢变化　一般在发情开始前 3~4d，卵巢上的卵泡开始生长，并迅速发育，卵泡内膜增生，卵泡液分泌增多，卵泡体积增大突出与卵巢表面。在激素的作用下卵子从卵泡内排出，即排卵。

（2）生殖道变化　排卵后形成黄体，引起生殖道的显著变化，如阴道松弛、充血，子宫颈充血，这些变化在发情的各个阶段有所不同。发情初期有少量分泌物，中期黏液较多，后期分泌物黏稠。

（3）行为变化　发情时由于发育的卵泡分泌雌激素增多，并在孕激素协同作用下，刺激神经中枢，引起性兴奋。母羊表现兴奋不安，常鸣叫，举尾拱背，频频排尿，食欲减退；喜欢接近公羊，公羊紧紧跟随、爬跨，用鼻嗅母羊或用脚扒母羊的毛被时，母羊都站立不动，或后腿分开，摆动尾部。处女羊发情不明显，其中有不少还拒绝公羊爬跨，但只要公羊主动接近，并紧紧跟随，可认为是发情表现。

2. 发情鉴定的方法

通过发情鉴定，可以尽快找出发情母羊，确定最适宜的配种时间，减少配种次数，提高受胎率。可发现生殖系统疾病及时治疗，提高母羊的利用率。

主要有外部观察法、试情法、阴道检查法。

（1）外部观察法　发情母羊食欲减退，放牧时有离群表现。喜欢接近公羊，并强烈摇动尾巴，当被公羊爬跨时站立不动，外阴部分泌少量黏液。

（2）试情法　选择体格健壮、无疾病、年龄 2～5 岁公羊（试情公羊数量为母羊的 3%～5%），给公羊腹部绑好试情布（长 60cm，宽 40cm），也可做输精管结扎或阴茎移位术，试情公羊定时（早、晚各一次）进入母羊群后，工作人员适当驱动羊群，使母羊不要拥挤在一起影响试情。发现母羊接近公羊、公羊爬跨时站立不动，说明母羊已发情，要马上挑出，进行配种。

（3）阴道检查法　发情母羊阴道黏膜充血，黏液透明，子宫颈口松弛。

排卵多在发情后期，排卵一般发生在发情结束前 12～24h。绵羊分娩后发情时间多在产后 30～59d，平均 45d。

（三）受精与妊娠

1. 受精

精子本身能够运动，但主要借助于母羊生殖管道的收缩和蠕动，到达受精部位。精子在生殖道内保持受精能力的时间为 30～48h。

母羊在卵泡成熟后排卵，卵子落入输卵管伞中，由于输卵管纤毛的颤动和输卵管的分节收缩，使卵子不断移动，精子和卵子在输卵管的上 1/3 处相会受精。卵子的染色体数为 27 个，卵子的可受精寿命为 12～24h。

绵羊是在发情结束前数天排卵，因此，发现母羊发情后就应输精，让精子和卵子都能到达受精部位受精。精子进入卵子到完成受精的时间为 16～21h。如配种延迟，卵子在其能受精的末期受精，这种卵子有的能够在子宫附植，有的不能。即使能附植，胚胎也会中途死亡，造成流产、胚胎异常等。衰老的精子可能不受精，即使受精也会增加胚胎的死亡率。

2. 妊娠

从精子和卵子在母羊生殖道内形成受精卵开始，到胎儿产出时所持续的日期称为妊娠期。细毛羊的妊娠期为 133～154d，平均为 150d。饲养条件对妊娠长短有一定的影响，营养水平低，妊娠期较长。双羔妊娠期比单羔稍短。老龄羊妊娠期稍长。

（四）繁殖季节

绵羊是季节性多次发情动物。繁殖季节是秋季，繁殖季节是世代长期、严格自然选择的结果。

绵羊的发情与日照长短有关。绵羊是短日照动物，由长日照转为短日照，经过一定时间后发情，开始进入繁殖季节。因此可以用人工控制光照来决定配种时间。

温度对绵羊的繁殖季节也有关系，但其作用与光照相比是次要的。母羊在一个长时间内保持在恒定的高温或低温下，都会影响配种季节的开始。

性的刺激影响绵羊配种季节的开始。如在繁殖季节开始前，将公母羊混群，能刺激母羊发情。

营养状况明显影响繁殖季节。如母羊膘情很好，配种季节就开始较早，而且发情整齐。在配种前 2～3 周，适当提高母羊的营养水平，能有效提高母羊的排卵率、发情率和受胎率。

（五）绵羊的配种方法

有自然交配、人工辅助交配和人工授精 3 种方法。

1. 自然交配

配种期把种公羊放入母羊群中寻找发情母羊交配。自然交配适合小规模养殖，若公母羊比例适当，可获得较高的受胎率。但无法控制母羊确切的产羔时间；系谱不清，容易造成近亲交配或早配；需要公羊的数量多，经常发生争斗，公羊的体力消耗大，同时影响母羊的采食和抓膘；种公羊利用率低，不能充分发挥优秀种公羊的作用。因此，在配种季节公母羊要分群管理，每年定期调换公羊，防止近亲繁殖。

2. 人工辅助交配

是将公、母羊分群管理，用试情公羊找出发情母羊，再与指定的公羊交配。这种交配方式可以减少种公羊的体力消耗，提高种公羊的利用率；可以进行选种选配，提高后代质量。为确保受胎率，在第一次交配后 12h 再配一次。

3. 人工授精

是用器械采取公羊的精液，经过精液品质检查和一系列处理，再将精液输入发情母羊生殖道内，达到母羊受胎的配种方式。可以提高优秀种公羊的利用率，节约饲养大量种公羊的费用；有计划的选配，可以加快品种改良效果；防治疾病传播；提高受胎率和繁殖率。

二、公羊的繁殖特点

公羊的生殖器官主要有睾丸、附睾、输精管、副性腺、阴茎和阴囊等部分组成。成年公羊双侧睾丸重 400~500g，占体重的 0.57%~0.7%，正常的两个睾丸大小一致，匀称坚实，有弹力。如果睾丸在腹腔或腹股沟内，叫隐睾。仅有单侧睾丸叫单睾。隐睾和单睾公羊不能做种用。附睾在睾丸一侧，精子在附睾中储存最后发育成熟。如储存过久，则活力降低，畸形和死亡精子增加，最后死亡被吸收。长期不配种的公羊，前期的精液会有较多衰弱、畸形的精子，因此，配种前 20d 应采排陈精。如配种或采精次数过多，精液减少，密度降低，出现发育不成熟的精子，会造成公羊生殖功能降低、体质衰弱、缩短使用年限。

公羊在 6~7 月龄就能排除成熟的精子，但精液量很少，畸形精子和未成熟的精子多，因此，一般不用幼龄羔羊配种。从精原细胞到精子形成整个过程叫精子发生周期。公羊精子的发生周期为 49~50d。公羊没有明显的繁殖季节，但精液的产生及其特征性的季节性变化很明显。公羊的性活动以及精液品质一般在秋季最高、冬季最低。

第二节　细毛羊发情控制技术

一、发情控制的原理及作用

（一）发情控制的原理

发情控制是通过采用某些激素、药物或饲养管理措施，人工控制母畜个体或群体发情并排卵的应用技术，以达到提高繁殖力的目的。包括诱导发情、同期发情和超数排卵等。随着发情调控技术的不断改进和完善，它已成为家畜繁殖的重要技术措施而被广泛应用。

（二）发情调控的作用

1. 减少发情鉴定的时间和次数，合理安排劳动力，合理利用圈舍。

2. 按照需求调整配种期和产羔期，有利于选种选配。

3. 人为控制母羊生产过程，集中配种，集中产羔，提高劳动效率，提高羔羊成活率。

4. 控制疾病，克服不孕症，提高受胎率。

5. 降低公羊饲养成本。

二、发情调控的处理方案

（一）诱导发情

诱导发情是对因生理（非繁殖季节、产后乏情）和病理（持久黄体、卵巢萎缩、幼稚型卵巢）原因不能正常发情的性成熟母羊，用激素和采取一些管理措施，使之发情的技术。

诱导乏情母羊发情，大多数是用激素处理。而母羊的性活动是在神经和内分泌的双重协调控制下实现的，一些情况下，非激素处理亦可达目的，如非繁殖季节以人工光照诱发母绵羊发情，在繁殖季节即将到来时，将公羊与母羊混群，促使母羊发情周期提早到来；激素处理促使母畜发情的作用是直接、明显和时间能确定的，非激素的诱因则是间接、延缓和时间不确定的。

绵羊属于较为严格的季节性繁殖动物，在休情期内或产羔后不久作诱导发情处理，使母羊发情和配种受胎，从而增加母羊年产羔数，实现两年三胎。对于那些发情季节到来后仍不发情的母羊，亦可通过处理保证其有正常的繁殖能力。

绵羊激素诱导发情，主要用孕激素预处理 $12 \sim 14d$（阴道栓），处理结束前 1 天或当天肌注 PMSG500 ~ 1 000IU。如 Wheaton 用含 400mg 孕酮的海绵阴道栓处理乏情绵羊，结合注射 600 ~ 700IUPMSG 或 GnRH，取得最高 61% 的产羔率。高庆华等（2000 年）对深度乏情的未断奶卡拉库尔母羊颈部肌注复合孕酮制剂 2ml，同时阴道放置非繁殖季节氟孕酮阴道缓释装置，内含 FGA 50mg，埋植 13d，撤栓同时肌注 PMSG 400ml，发情同期率 93.3%。杨梅等（2004 年 5 月）在羊非繁殖季节利用 CIDR + PMSG 对绵羊进行同期发情处理试验，埋植 CIDR7d，埋栓的第 6 天，肌肉注射 PMSG 500 单位和 $PGF_{2\alpha}$ 0.2mg，第 7 天撤栓，撤栓后 24h 肌肉注射 LH100 单位。结果在卵巢上出现卵泡或排卵的羊占处理羊数的 97.44%；出现红体（排卵）的羊占处理羊 88.46%；平均排卵数为 (1.84 ± 0.11) 枚。因此利用埋植 CIDR + PMSG 同期化处理绵羊，完全可以对乏情期的绵羊进行同期发情处理，而且可采用定时输精，无需通过试情公羊来鉴定母羊发情，可以减少劳动力。

初情期的调控指利用激素处理，使性未成熟母羊的卵巢发育和卵泡发育并达到成熟阶段甚至排卵。在自然情况下，初情期前母羊的卵巢上的卵泡虽能够发育至一定阶段，但不能发育至成熟。但试验表明，性成熟前母羊卵巢具备受适量 Gn 刺激后，卵泡有发育至成熟的潜力。

孕激素预处理结合 PMSG，在诱导季节性乏情绵羊发情方面，效果较结合

FSH 好。可能是 PMSG 半衰期长，而季节性乏情的母羊需长时间的 Gn 处理才能促使其卵泡发育，但效果也不如 PMSG。单独用 PMSG 也可引起卵泡发育和排卵，但往往无明显发情表现。

1. 诱导发情的原理

诱导发情就是利用生殖激素或管理措施使卵巢从相对静止状态转为活跃性的周期状态，促使卵泡生长发育、成熟和排卵，表现出发情并配种。

2. 诱导发情处理方案

对于初情期母羊和非繁殖季节母羊，可以通过激素处理或特殊的饲养管理措施达到诱导发情的目的。诱导发情处理的时间越接近繁殖季节，诱导效果越好。

（1）皮下埋置法　将成形的孕激素埋植剂或装有药物（如 18-甲基炔诺酮 10～25mg）的有孔细管植在母羊皮下组织，经过若干天的处理后取出。使用时可用兽医套管针将埋植剂或药管埋入耳背皮下。

（2）阴道栓塞法　用孕激素处理 12～14d，然后撤栓，同时注射 PMSG 500～1 000IU，处理 2～4d 后发情。如果在撤栓的同时肌内注射氯前列烯醇 0.1～0.2mg，效果更好。

孕激素海绵栓的制作方法：自制系有细绳的直径 2～3cm 海绵，做灭菌处理，取适量药物，如甲孕酮 40～60mg、乙酸氟孕酮 20～40mg、孕酮 150～300mg 或 18-甲基炔诺酮 10～15mg，溶于清洁的植物油，最后用海绵栓吸取药液。使用时，开膣器打开阴道，长柄钳夹住海绵栓送入阴道深部，让细绳的一端露出阴门外。撤栓时，牵拉细绳将其取出。

阴道栓塞法在操作过程中要注意以下几点。第一，植物油中添加杀菌、消炎药物，可以避免或减轻由于海绵栓刺激阴道黏膜而引起的炎症；第二，海绵栓吸取植物油时，要把植物油和杀菌、消炎药物搅拌均匀。植物油浸入海绵栓 1/3～1/2 即可，海绵栓浸入植物油过多容易造成海绵栓脱落，过少容易造成撤栓时海绵栓与阴道容易粘连，造成炎症；第三，埋栓后避免在植物生长较高的草场、林带、田边地头放牧，以防脱栓；第四，对撤栓时分泌物较多或有出血的羊只要及时用生理盐水冲洗。对需要人工取栓时要带一次性手套，做好自身保护。

3. 影响诱导发情效果的因素

（1）补饲催情　发情季节到来之前，加强饲养管理，提高营养水平，补充蛋白质饲料和添加剂，可使母羊发情期提前到来，增加排卵数。

（2）公羊效应　应用公羊效应诱导母羊发情时，公羊和母羊必须隔离饲养一段时间，然后在母羊群中放入公羊，以充分发挥公羊效应。

（3）控制光照时间、温度　夏季每天将羊舍遮黑一段时间来缩短光照，或将母羊放在凉爽的羊舍内，能使母羊的发情提前出现。

（二）同期发情

同期发情就是利用某些激素制剂处理，人为地控制并调整母羊的发情周期使之同期化的方法。经过多年来的研究与应用，形成了两种主要方法：阴道海绵栓法和 PG 注射法，孕激素使用方法有两种：皮下埋植和阴道栓，其中，阴道栓最常用。

一般繁殖季节同期发情处理效果比非繁殖季节好，成年母羊比青年母羊好。用孕激素制剂处理结合注射 PMSG 比单独用孕激素处理效果好，处理后第一情期受胎率比一般水平低，到第二情期时可得到正常的受胎率。

同期发情可以有计划的合理组织集中配种，集中产羔，便于管理；有利于发挥人工授精的优点，充分利用优秀种公羊；也是胚胎移植的重要一环，供体和受体发情同期化，有利于大规模开展胚胎移植和提高移植后的受胎率。

1. 同期发情的原理

就是用孕激素类或前列腺素药物调节绵羊发情周期的进程，达到发情同期化。同期发情的处理方法有两种方法。一种是用孕激素类化合物对母羊群抑制其卵泡的生长发育，经过一段时间后同时停药，引起同时发情。另一种是用前列腺素类药物加速黄体消退，导致母羊发情，缩短发情周期，促使提前发情。

2. 同期发情的处理方案

（1）阴道海绵栓法 在绵羊的发情季节，使用经孕激素处理的阴道海绵栓，用消毒食用油浸泡后放入母羊阴道深部，放置 12～14d 后取出海绵栓，使母羊发情。在撤栓后的 2～3d 85%～95% 的母羊发情。对育成母羊和乏情期母羊，在撤栓后一次注射 PMSG 500IU，诱导排卵。每日输精两次，每次输精量要大于常规用量。

由于孕激素短期处理后发情率较低，因此在阴道栓中加入一定比例的雌激素或处理开始时注射一定的雌激素以加速黄体消退，处理结束后给予一定量的 GnRH 或 FSH、PMSG，以促进卵泡发育和排卵，提高受胎率。因此孕激素阴道栓配合促性腺激素又衍生出很多方法，如孕激素 + GnRH，孕激素 + FSH，孕激素 + PMSG 等。

陈家振等（1990 年）用孕激素 + PG + PMSG 法，先用孕酮处理 7～9d，然后注射 PGF2a 和 PMSG，同期发情率为 86%。Ishida, N.（1999 年）在试验母羊阴道内放置 CIDR12d，撤出装置前一天注射绒毛膜促性腺激素 12d 后，分 3 组，第一组注射 GnRH 100mg，第二组 HCG 500μg，第三组给予 2ml 的盐水对照，于取出装置后 44～45h 人工授精，受胎率、繁殖率、产羔率差异不显著。

目前，国内使用的孕酮栓有两种：CIDR 和海绵栓。CIDR 价格较海绵栓高，但效果要好于海绵栓。任志强等（2002 年）对鲁白山羊进行同期发情处理，认为 CIDR 是一种很有效的同期发情药物，CIDR 配合 PMSG 效果好于注射氯前列烯醇方法。从开始放置 CIDR 到第 16 天时取出，放置时间长，对发情反应、卵泡活力、排卵率并无显著的影响。取 CIDR 栓后不足 24h，便出现明显强烈的发情表现，发情率 88.2%。

（2）PG 注射法　先用阴道栓 CIDR 处理 12d，然后注射 0.1mg $PGF_{2\alpha}$，第 13 天撤栓。撤栓后 36h 配种。

用 PG 对羊进行同期发情，必须是繁殖季节已到，母羊即将进入发情期时。绵羊发情周期的第 4 天至第 16 天，PG 处理才有效，由于羊的黄体在上次排卵后第 5 天和第 4 天才对 PG 敏感，故一次 PG 处理后的发情率理论值为 70% 左右；因此，通常采用两次注射 PG 或其类似物。第一次注射 PG10～14d 后再次进行 PG 处理。$PGF2\alpha$ 的用量是肌注 4～6mg，PG 的用量是 50～100μg。PG 同期发情后第一情期的受胎率较低，第二情期相对集中且受胎率正常。田树军等（2002 年）在山羊上采用间隔 8d 两次注射 PG 的方法，取得了 88.9%（0～72h）的同期效果。闫金华等（2005 年）对进行一次同期处理未发情的山羊，在第一次处理后第 10 天进行第二次补注，每只羊注射氯前列烯醇 0.6ml，同期发情率（96.89%～97.6%）。赵霞等（2003 年）比较了 PG、CIDR + PMSG、孕酮海绵栓 + PMSG 等方法对山羊进行同期发情处理，结果 3 种方法发情率无显著差异，但 PG 处理组黄体合格率（77.78%）显著低于 CIDR + PMSG 组（97.70%）、孕酮海绵栓 + PMSG（97.08%）。从降低每只同期发情羊的处理成本考虑，处于发情季节的羊宜采用 PG 方法；若要求达到发情周期化的羊数量不大，而可供同期处理的羊数量足够大时，可采用一次注射的处理方法，从而通过降低注射次数来降低同期发情羊处理成本（田树军，2002）。

3. 影响同期发情效果的因素

同期发情技术是一项综合技术，其效果受多种因素影响，如被处理羊的状况、处理方法、药品质量、激素剂量、处理的时间等因素对发情的效果及受胎率都会产生较大影响。

（1）母羊生殖生理状况　母羊的年龄、体质、膘情、生殖系统健康状况等都会影响同期发情的效果。在实际生产应用中，绵羊对外源激素的反应低于山羊，且不稳定。由于不同品种羊初情期和利用年限不同，因而不同品种同一年龄羊可能得出不同的结果。马世昌等（2005 年）比较不同年龄的小尾寒羊同期发情效果，1～4 岁时，随羊年龄增加，同期发情率有明显的增高趋势，3～4 岁的母羊比 1～3 岁母羊提高了 21.5%。

（2）激素的质量和剂量　进口孕激素价格昂贵，仅在科研中使用，不宜在畜牧生产中推广。国产的激素可能在不同批次之间存在质量不稳定的情况，处理时最好选择同一厂家同一批次的产品。在使用相同的处理方法，激素剂量不同也会对同期发情效果产生较大影响。田树军等（2004 年）对哺乳母羊注射 250IU/只孕马血清促性腺激素羊的同期发情率（90.0%）明显好于注射 330IU/只孕马血清促性腺激素（68.8%）。

（3）处理方法　不同的处理方法对同期发情效果影响较大。谭景和等（1993 年）分别用提纯 FSH、PG、孕酮、PMSG 对绵羊进行超排和同期发情试验，结果用孕酮同步法优于用 PGF2a 法。马世昌等（2006）用 PG 与 PMSG 结合 CIDR 处理宁夏寒滩杂种母羊均获得了较好的同期发情效果，其中，PG 处理组 72h 同期发情率为 73.33%，PMSG 处理组为 83.33%。PG 处理组羊发情时间主要集中于处理后 0～24h 和 24～48h，PMSG 处理组羊发情时间主要集中于处理后的 24～48h，其中 PG 结合 CIDR 处理成本较低。

孕酮栓方法对处于繁殖季节和非繁殖季节（即乏情季节）的羊均有效，而 PG 方法仅对处于繁殖季节的羊有效。从降低每只同期发情羊的处理成本考虑，处于发情季节的羊宜采用 PG 方法，处于非发情季节（即乏情季节）的羊宜采用孕酮栓方法（田树军等，2002 年）。

（4）处理时间　季节是影响羊同期发情处理效果的一个重要因素。何生虎（2003 年）在不同季节用同一种药物处理受体羊，认为 4 月、6 月同期发情效果明显比 11 月差，11 月处理的受体羊同期发情率、移植率、妊娠率分别达 93.5%、70.9%、58.0%。赵永聚等（2004 年）比较春季、夏季、秋季和冬季对山羊同期发情效果的影响，结果表明：处理羊只的发情率以秋季最高，为 94.74%；与春、夏、冬季相比差异极显著（$P < 0.01$）；以夏季发情率最低，仅为 59.55%；春季和冬季发情率分别为 72.57% 和 78.95%，处于中等。

（5）配种后的饲养管理　配种后应供应优质饲料，提高营养水平，特别是与繁殖有关的维生素 E、维生素 A、维生素 D_3 以及亚硒酸钠等，以免发生胚胎的早期死亡和流产。禁止饲喂霉变、冰冻的饲料。

（三）超数排卵

超数排卵就是应用外源性促性腺激素诱发母羊卵巢上多数卵泡发育，并排出具有受精能力的卵子的技术。超数排卵可以提高母羊的繁殖力，同时也是胚胎移植的重要环节。

1. 超数排卵的原理

在发情周期的功能性黄体期，或为控制发情而用孕激素处理结束前后，用促卵泡素处理。绵羊一般在情期的 11～13d 进行超排处理，用 PMSG 处理平均排 3～10 枚卵，用 FSH 处理平均排卵 8～15 枚。

2. 超数排卵的处理方案

（1）在发情周期第 16 天至第 18 天　一次肌肉注射或皮下注射 PMSG 750 ~ 1 500IU；或每天注射两次 FSH，连用 3 ~ 4d，出现发情后或配种当日再肌注 HCG 500 ~ 700IU。

（2）在发情周期的中期　即在注射 PMSG 之后，隔日注射 $PGF_{2\alpha}$ 或其他类似物。如采用 FSH，用量为 20 ~ 30mg（或总剂量 130 ~ 180IU），分 3d 6 ~ 8 次注射。第五次同时注射 $PGF_{2\alpha}$。

用 PMSG 处理羊仅需注射一次，比较方便，但半衰期太长，延长了发情期；使用 PMSG 抗血清可以消除半衰期长的副作用，但剂量较难掌握。目前多采用 FSH 进行超排，连续注射 3 ~ 5d，每天 2 次。剂量均等递减，效果较好。

3. 影响超数排卵效果的因素

（1）药物因素　激素的种类、剂量、效价、投药时间和次数，生产厂家、批号、药剂的保存方法和处理程序等都影响超排效果。用 FSH 超排处理排卵率、受精率、优质胚产量上优于 PMSG。在取得同样的超排效果的前提下，宜用最小 FSH 剂量，以节约成本。肌注 LH 或 HCG 促排反应慢且排卵同期化较差。静脉注射时，激素作用快，排卵同期化好，而且静注比肌注激素用量少。

（2）个体差异　羊的品种、年龄、营养状况等也影响超排效果。一般成年羊比初配羊反应好，营养状况好的比营养差的反应好。但上等膘情和下等膘情的供体羊只超排效果显著低于中等膘情供体羊，而上等膘情和下等膘情供体羊的供体羊超排效果差异均不显著。

（3）环境因素　季节、天气、环境状况的变化也是影响超排效果的重要因素。以繁殖季节的超排效果好。炎热和寒冷会对超排产生不利的影响，阴雨或大风天气不利于超排。

三、适用于细毛羊发情调控的药物制剂

（一）诱导发情用激素

主要有促卵泡素（FSH）、促黄体素（LH）、孕马血清促性腺激素（PMSG）、人绒毛膜促性腺激素（HCG）、促性腺激素释放激素（GnRH）、前列腺素（PG）及其类似物、雌激素（E_2）及其类似物、性外激素、孕激素（P_4）及其类似物。

（二）同期发情用激素

1. 抑制卵泡发育的激素

孕酮、甲孕酮（MAP）、氟孕酮（FGA）、氯地孕酮、甲地孕酮及 18-甲基炔诺酮等。

2. 溶解黄体的激素

前列腺素 F_{2a}（PGF_{2a}）及其类似物（如氯前列腺烯醇）。

3. 促进卵泡发育、排卵的激素

促卵泡素（FSH）、促黄体素（LH）、孕马血清促性腺激素（PMSG）、人绒毛膜促性腺激素（HCG）、促性腺激素释放激素（GnRH）和氯地酚等。

四、母羊的发情调控技术

（一）同期发情处理方案

1. **繁殖季节同期发情处理方案**

（1）选用孕激素，按每头份 45mg 氟孕酮以酒精为溶媒注入洁净的小块海绵中，栓上细线，制成孕激素阴道海绵栓；孕酮海绵栓制剂阴道埋植 13d，同时肌注复方孕酮制剂。

（2）第 13 天下午 4：00 撤栓，同时肌注（PMSG），成年母羊 400IU，当年母羔 330IU.

（3）撤栓后 36h 开始试情配种（一般第三天早晨 8：00）间隔 6h 配一次，并于首次配种同时静注（或肌注）HCG 400～500IU 或 LHRH-$A_3$5IU。

（4）于撤栓后 40～72h 内输精 3 次。

2. **非繁殖季节同期发情处理方案**

非繁殖季节诱导发情处理方案与非繁殖季节同期发情基本相同，孕酮海绵栓制剂埋植 14d。任耀军等（2004 年）对断奶母羊（断奶 60d）和空怀母羊（流产和产后羔羊死亡）两种生理状态进行非繁殖季节诱导发情处理，断奶母羊和空怀母羊的发情率分别为 64% 和 48.3%，双羔率分别为 10% 和 1.1%；三羔率断奶母羊为 6%。

（二）同期发情处理结果与分析

新疆玛纳斯县（2006～2008 年）应用氟孕酮阴道海绵栓与孕马血清促性腺激素相结合的方法，连续三年进行了绵羊同期发情试验。第 1 天肌注复合孕酮制剂 1ml，同时埋植孕酮海绵栓。第 14 天撤栓，同时肌注 PMSG 400IU。第 15 天早晚两次试情，检查母羊发情，并记录撤栓后母羊发情规律，采用人工授精，并于首次配种时静脉注射 LRH-$A_3$5IU。试验结果：氟孕酮海绵栓制剂可有效地诱导绵羊在 36～72h 内发情，记录撤栓后 36h、48h、60h、72h 发情率分别为 13.75%、38.61%、27.07%、8.43%，情期发情率 87.86%，发情母羊的情期受胎率为 70.71%。该同期发情处理用于生产实际时，可在撤栓后 36～72h 集中配种 3～4 次，群体情期受胎率为 57.1%。

五、公羊的生殖保健技术

生殖保健是保证公羊繁殖机能的重要技术措施，公羊性欲状况按五级标准判定，即：

0 级：无性欲，与发情母羊接触后，无任何反应，对发情母羊视而不见，无兴趣。

1 级：与发情母羊接触后，主动接近母羊，有时嗅舔母羊，有时翻出上唇，性行为表现持续 10～15min，尔后处与性欲低潮阶段。

2 级：与发情母羊接触后，公羊迅速出现性激动反应，主动接近母羊，嗅舔母羊外阴部，持续时间为 10～15min，有时抽动阴茎，但不表现爬跨动作。

3 级：公羊对发情母羊或不发情母羊性反应强烈，接触母羊时发出咕噜声，有时爬跨母羊，阴茎伸出，用假阴道采精不能成功，可以成功自然交配。

4 级：公羊性行为序列正常，性欲旺盛，用假阴道可以正常采精。

（一）公羊无性反应，或有性反应但不爬跨母羊，采用以下方法

1. 每只公羊每天肌注丙酸睾丸素 50mg，连续 7～10d，同时隔日一次肌注 HCG 1 000～2 000U，LRH-$A_3$100μg，共 3 次。

2. 睾丸按摩。每日用40℃的热毛巾按摩睾丸2～3次，每次5～10min，连续7～10d。

3. 公羊性欲训练。以上处理同时，每天将处理公羊与发情母羊混群 1～2 次，或按正常采精程序训练 2 次。让性欲低下的公羊观摩性欲正常公羊的采精活动。用发情母羊的尿液涂在公羊的头部，诱导公羊性欲恢复。

公羊性欲及精液品质恢复正常后，应特别注意正确使用公羊，避免性抑制出现。为保证公羊的性欲正常，可注射十一酸睾丸素 0.25～0.5g 一次。

（二）公羊性欲正常、精液品质低下的处理方案

1. 每只公羊每天肌注丙酸睾丸素 50mg，连续 7～10d，同时隔日一次肌注 PMSG 500～1 000U，LRH-$A_3$100μg，共 3～4 次。

2. 睾丸按摩。每日用40℃的热毛巾按摩睾丸2～3次，每次5～10min，连续7～10d。

3. 公羊性欲训练。以上处理同时，每天将处理公羊与发情母羊混群 1～2 次，或按正常采精程序训练 2 次。让性欲低下的公羊观摩性欲正常公羊的采精活动。用发情母羊的尿液涂在公羊的头部，诱导公羊性欲恢复。

蔡涛等（2011 年）选取性欲综合评分在 3 级以下萨福克种公羊分 3 组试验，以不做任何处理公羊为对照组，睾丸按摩＋低剂量 T＋LH 处理为试验Ⅰ组，睾丸按摩＋低剂量 T＋FSH 处理为试验Ⅱ组，对比精液品质和性欲评价。结果表

明：不同生殖保健方法对照组、试验Ⅰ组、试验Ⅱ组公羊性欲评分分别为 1.8、3.7、2.8，试验Ⅰ组设计方案能极显著提高公羊性欲；试验Ⅱ组能极显著提高公羊精液各项指标。

六、当年羔羊的诱发发情技术

诱导当年母羔发情方法与诱导性成熟乏情羊发情方法类似，只是用药剂量减少至 30%~70%，由于性未成熟母羊卵巢上无黄体，没有卵泡波出现，因此不受季节等其他因素影响，任何时候都可以用 Gn 实施。

（一）幼龄母羊处理方案

1. 口服甲孕酮（MAP）

连续口服甲孕酮 12~14d，每只羊每日 6~8g，灌服或拌入饲料中喂服。

2. 注射促性腺激素

口服 MAP 结束后第二天，肌注孕马血清促性腺激素（PMSG）300~350IU，促排卵 3 号（LRH-A$_3$）5~10μg，或仅单独注射 PMSG。

3. 母羊配种前处理

注射 PMSG 后 42~44h，每只母羊静脉注射绒毛膜促性腺激素（HCG）500 单位，注射后 4~6h 配种，或于试情挑出母羊后在配种前 4~6h 注射 HCG。

4. 配种

注射 PMSG 后 48h 处理母羊每间隔 6h 配种一次，输精 3 次。

（二）诱发发情处理结果与分析

Hamra 用含 60mg 孕激素（MAP）的海绵阴道栓处理 8~10 月龄性未成熟绵羊（当地羊通常 17~18 月龄配种）14d，取阴道栓时注射 500IU HCG，取得 60% 的受胎率。

处理的时间越是接近正常的情期月龄或正常的配种季节，效果越好。一般要求母羔体重达到成年母羊体重的 70% 以上，月龄不少于 7 月龄时进行。在早期配种时，必须解决好所生羔羊的早期断奶和培育问题。诱导当年母羔发情受胎率可能低些，还存在易发生难产现象、母性不强、哺乳能力差等问题，因此，羔羊死亡现象较多。

第三节　人工授精技术

人工授精是指用器械采集公羊的精液，经过精液品质检查、稀释等一系列处理后，再用器械把精液输入发情母羊子宫颈内，达到受精的目的。是养羊业生产中广泛采用的配种技术，主要优点是：扩大优良种公羊的利用率，提高品种改良效率；防止由交配而传染的疾病；提高受胎率和繁殖率；减少种公羊的饲养数量，降低饲养成本；便于组织生产，促进新品种、新成果的推广应用。

一、绵羊人工授精的准备

（一）人工授精站

要求地面干净、墙面光洁、室内保暖、光线充足、卫生、无异味。输精室、验精室温度 18～25℃。

（二）配种器械和常用药品

详见表 4－1。

表 4－1　绵羊人工授精常用器械和药品

序号	名称	规格	单位	数量
1	显微镜	300～600 倍	架	1
2	天平	0.1～100g	台	1
3	假阴道外壳		个	3～4
4	假阴道内胎		条	8～10
5	假阴道气嘴		个	3～4
6	输精器	1ml	支	5
7	集精杯		个	8～10
8	开腟器	大、中、小	个	各1
9	水温计	100℃	支	2
10	载玻片		盒	1
11	盖玻片		盒	1
12	酒精灯		个	1
13	玻璃量杯	100ml、500ml	个	各1
14	三角烧杯	100ml	个	1
15	烧杯	500ml	个	1
16	钢筋锅	28cm 带蒸笼	个	1
17	热水瓶	8 磅	个	1
18	酒精	500ml（95%、75%）	瓶	各1
19	氯化钠	0.9%	箱	1
20	碳酸（氢）钠		瓶	2
21	白凡士林	500g	瓶	1
22	毛刷	大、中、小	个	各1
23	高锰酸钾	250g	瓶	1
24	碘酊	250ml（5%）	瓶	2
25	消毒液	碳制剂、季铵盐（500ml）	瓶	各1
26	纱布	医用	kg	1
27	卫生纸		kg	1
28	脸盆		个	3
29	毛巾		个	3

（续表）

序号	名称	规格	单位	数量
30	试情布	30～40cm	条	10
31	瓷盘	大、中、小	个	各1
32	镊子	大、中	个	各1
33	手术剪		个	1
34	工作服		套	每人1套
35	耳号钳		把	1
36	耳号		个	若干
37	手电筒（头顶灯）		只	2
38	记录本		本	2
39	标记涂料	红、蓝、黑	瓶	若干
40	输精架		个	1

（三）器械的洗涤与消毒

凡采精、输精及与精液接触的所有器械，必须严格进行洗涤与消毒，做到清洁、干燥、无菌。

1. 洗涤

器械用3%的碳酸钠温水清洗后再用清水冲洗3遍，擦干。

2. 消毒

根据器械种类，采用不同的消毒方法。常用的消毒方法是：75%的酒精消毒法；煮沸高压灭菌；火焰消毒法。假阴道内胎与输精器使用后清洗、酒精擦拭消毒备用，下次使用时只用生理盐水冲洗。开膣器洗涤后可用酒精棉球擦拭消毒再配合火焰消毒。玻璃器皿以及纱布、毛巾等洗完后用纱布包好放入消毒锅内消毒30～45min。

3. 凡与精液接触的器械，在用酒精消毒后，须充分挥发后再用生理盐水冲洗。

（四）羊只的准备

1. 种公羊的准备

根据预配母羊数量和种公羊的配种能力确定需要种公羊数量，一般300～500只母羊配备一只种公羊。要求公羊体质健壮，中等以上膘度，性欲旺盛，配种能力强，精液品质好。配种工作开始前一个月，认真做好种公羊饲养管理、采集陈精和精液品质检查，每只公羊要采排陈精10～20次。公羊到站后，进行检疫、编号、称重。

2. 试情公羊的准备

按母羊数量3%～5%的比例选择身体健壮、性欲旺盛的2～4岁公羊做试情公羊，并且在配种期内加强饲养管理，定期采精，轮换使用，以刺激其性欲。

3. 母羊的准备：配种前做好整群工作，及时淘汰屡配不孕、年老体弱、严重乳房炎的羊，搞好检疫、防疫和驱虫工作。有条件的实行短期优饲，抓膘配种，以提高发情率和受胎率。

4. 初配公羊的调教，可采取如下措施

（1）把公羊和若干只健康无病母羊合群同圈几天或让公羊与发情母羊合群，通过自然交配建立性反射。

（2）可在别的种公羊配种或采精时，让缺乏性欲的公羊在旁"观摩"。

（3）注射丙酸睾丸酮，隔日一次，每次1~2ml，可注射三次。

（4）用发情母羊阴道分泌物或尿泥涂在种公羊鼻尖上诱激其性欲。

5. 试情

配种期间每天坚持早晚两次试情，把试情公羊吊结上试情布放入母羊群里，试情过程中发现母羊卧下或拥挤要及时驱赶。试情公羊靠嗅觉找到发情母羊，追逐爬跨时母羊不拒绝就是发情了。将发情母羊抓出参加人工授精，待试情公羊找完发情母羊后，分出试情公羊，解下试情布，洗净待用，每次不得少于1h。

二、绵羊人工授精的方法

（一）精液的采集

1. 采集前准备

准备性情温和、体格适中的发情母羊做台羊，采精前清理台羊臀部和公羊腹部污物，以免污染精液。

2. 假阴道的安装

（1）安装　安装前，要仔细检查内胎及外壳是否有裂口、破损、沙眼等。将内胎的粗糙面朝外、光滑面向内放入壳内套在外壳上，要求松紧适度、不扭曲，用橡皮圈将两端扎紧。

（2）消毒　用长柄钳夹酒精棉球由里向外对内胎螺旋式擦拭消毒，待酒精挥发后用生理盐水冲洗。

（3）注水　把52~55℃温水缓缓注入，水量为150~180ml。或手握假阴道成45°，假阴道注水以水不外溢为宜。注意用消毒纱布及时擦去假阴道外壳水分。

（4）润滑　一端装集精杯，另一端入口用玻璃棒蘸取凡士林由内向外在内胎上均匀涂抹，深度为假阴道的三分之一。

（5）调试　吹入空气。检查与调节内胎温度和压力，温度计实测假阴道内温度39~42℃。内胎呈三角形（Y字形）皱褶合拢透光而不外鼓为适度。

（6）编号 调试后，假阴道编号，一只公羊固定一只假阴道，用消毒纱布盖好备用。

3. 采精

（1）假阴道法 引公羊到母羊处，采精者蹲于母羊右后方，右手横握假阴道，气嘴在手心位置，假阴道进口部向下，与母羊骨盆的水平线呈 35°～40°或与地面成 35°～40°，当公羊爬上母羊背时，迅速用左手轻托阴茎包皮把阴茎导入假阴道中，保持假阴道与阴茎呈一直线，公羊用力向前一冲即为射精，采精员在公羊跳下时将假阴道紧贴包皮退出，并迅速将集精杯口向上，稍停，擦拭干净，放出气体，取下集精杯，并盖上盖子。

（2）电刺激法 对种用价值较高、假阴道无法采精的种公羊可采用电刺激法。采精前剪去包皮和尿道口周围的被毛，用生理盐水洗净擦干，温水灌肠，排出肛门中的积粪。将涂有凡士林的电子采精器探棒缓慢插入直肠内 8～12cm，使探棒线圈贴紧腰椎腹侧面。打开电刺激采精仪电源开关，调节输出电压，由低至高，先后顺序为 2～20V，每档刺激持续时间为 3～5s，每次间歇 1～3s，用集精杯分段接取精液。采精结束将采精仪各调节旋钮逐档归零，切断电源，拔出电极棒。

4. 采精时注意的事项

（1）采精场所要干净、卫生，现场保持安静，禁止大声喧哗。

（2）随采随用，精液采出后要尽快进行验精和稀释，最好 20min 内使用完毕。

（3）要稳当、迅速、安全，阴茎一出包皮，即迅速导入假阴道内，争取做到一次完成。

（4）采精时如公羊不射精，一看采精的动作时机；二看假阴道的温度、压力和润滑程度。一些公羊对采精温度要求较严，采精员采不到精液往往轻易加高温度，如温度过高，易烫伤公羊，养成恶癖，造成公羊爬跨而不出阴茎，未爬跨就射精；若温度不够，反复爬跨而不射精，公羊极为劳累，日久易养成爬跨多次才射精的怪癖。压力过小，公羊阴茎插入多次抽动而不射精；压力过大，公羊有射精动作而未射精，或跳下后把精液排在假阴道口或地上。

（5）禁止粗暴对待公羊，以免使公羊恐惧，影响射精。

（二）精液品质的检查

精液品质和受胎率有直接关系，精液经过检查后方可输精。通过精液品质检查，确定稀释倍数，检验种公羊的种用价值、配种能力和饲养情况。精液品质检查包括：射精量、精子密度、活力以及色泽、气味。

1. 外观检查

正常精液为乳白色或淡黄色，略有腥味，其他颜色或异味均不能用来输精。如精液呈淡红色是混有血液，呈淡绿色是混有脓液，呈黄色可能混有尿液。

2. 精液量

用输精器抽取排出空气后测量，细毛羊一般为 0.5～2ml。

3. 活力检查

肉眼观察原精液，呈云雾状翻滚者活力好。镜检时将精液涂在预热过的载玻片上，加盖盖玻片，放大 400～600 倍观察，全部精子做直线运动评为1；80%的精子做直线运动评为 0.8；依次类推，活力在 0.6 以上，方可用于输精。

4. 密度检查

显微镜下根据视野内精子多少将精液密度分为以下几等："密"：视野中精子密集，无空隙，看不见单个精子运动，只看到精子云雾状翻滚；"中"：可以看清单个精子运动，精子间距离相当于一个精子的长度；"稀"：精子间距离很大；"无"：即没有精子，通常精子密度在"中"以下不能输精。

5. 精子形态

精子形态不正常，畸形精子过多，说明精液品质不良，会严重影响受胎率。羊不得超过 14%。精子畸形率的测定是将精液均匀涂在载玻片上，自然干燥后用 95% 酒精固定 3min，置于蓝墨水中染色 5min，再用蒸馏水冲洗，风干后在 400～600 倍下镜检 200～500 个精子，计算精子畸形率。

（三）精液的稀释

精液稀释的目的在于扩大精液量，提高优良种公羊的配种效率，促进精子活力，延长存活时间。

1. 精液稀释时应注意事项

（1）精液稀释前后，必须做精液品质检查。

（2）稀释倍数依据精液密度、活力和与配母羊数量而定，一般稀释比例为 1∶2～4。高倍稀释应分次进行，先低倍后高倍。

（3）稀释时一定要做到等温稀释。稀释时，将稀释液沿杯壁缓缓加入精液中，切忌剧烈震荡。

（4）采精后精液稀释越早越好，一般在 30min 内稀释。

2. 稀释液的种类

①生理盐水。

②牛奶：用鲜牛奶煮沸脱脂，过滤后蒸气灭菌，冷却备用。

③葡萄糖卵黄稀释液：100ml 蒸馏水加入葡萄糖 3g，柠檬酸钠 1.4g，溶解后过滤灭菌，冷却至 30℃，加新鲜卵黄 20ml，充分混合均匀。

（四）精液的保存

1. 常温保存

通常采用隔水降温法处理。先将精液与稀释液在 30℃ 等温条件下按一定比例混合后，分装在贮藏瓶中，密封后放入 30℃ 温水容器内，同容器放进 15 ~ 25℃ 温水保温瓶内保存。如采用含有明胶的稀释液，在 10 ~ 14℃ 下呈凝固状态保存，绵羊精液可保存 48h 以上。

2. 低温保存

将稀释后的精液分装后，先用数层纱布包裹精液容器，并包塑料薄膜袋防水，置于 0 ~ 5℃ 的低温条件下保存。还可以使用含卵黄或奶类的稀释液，卵黄浓度为 20%。常放在冰箱内或装有冰块的广口保温瓶中冷藏。绵羊精液的保存时间不超过 1d。

要严格遵守逐步降温的原则。降温的速度，从 30℃ 到 5℃ 或 0℃ 时，以每分钟降 0.2℃ 左右，在 1 ~ 2h 内完成降温过程。在整个保存期内尽量维持保存温度的恒定，防止升温。

3. 冷冻保存

将精液经过特殊处理后，利用冷源（如液氮 -195.8℃ 等）冻结的形式保存在超低温环境下，以达到长期保存的目的。

绵羊冷冻稀释液以糖类、乳类、卵黄和甘油为主要成分。冷冻精液的剂型目前主要有细管型和颗粒性两种。采用一次稀释法（颗粒精液）或二次稀释法后，精液需在 4 ~ 5℃ 下静置 2 ~ 4h（平衡）。冷冻目前以采取液氮熏蒸法为主。

（五）输精

适时而准确地把一定量的优质精液输到发情母羊的子宫颈口内是保证受胎率的关键。

1. 输精准备

挖一长 70cm，宽 60cm，深 50cm 的输精坑，坑前 1m 放输精架；或取圆木（或钢管），长度 3 ~ 4m，离地面 0.6 ~ 0.7m，横置固定于输精室内。输精母羊的后胁担在横杠上，前肢着地，后肢悬空。左面放一盆 0.9% 的盐水，右面放一盆干棉球或灭菌卫生纸。

2. 输精方法

把母羊头固定在输精架上，保定员站在母羊左侧，左腿扛住母羊，左手把住母羊右肋部，右手抓起羊尾。输精员迅速拭去发情羊阴部污物，用生理盐水擦洗阴户，输精员左手持开膣器打开阴道，左右上下观察，如看到一块深红色瓣状突起即为子宫颈口，右手持输精器迅速插入子宫颈 0.5 ~ 1cm，开膣器稍回抽后，推入定量精液，取出输精器、开膣器擦净备用。处女羊不易找到子宫颈口，可加大输精量做阴道深部输精。

输精要做到"适时"、"深部"、"慢插"、"轻注"、"稍站",输精完毕在母羊臀部轻拍一下,刺激母羊的阴道收缩。

(1)冻精配种 实践中,冷冻精液的解冻以温水解冻(30~40℃)和高温解冻(50~80℃)解冻效果较好。

细管型冷冻精液可直接将其投入到35~40℃的温水中,待融化一半时,立即取出备用。颗粒型冷冻精液可分为干解冻和湿解冻两种。干解冻是先将灭菌试管置于35~40℃的水中恒温后,再投入精液颗粒摇动至融化。湿解冻是将1ml解冻液装入灭菌细管内,置于35~40℃温水中预热,然后投入精液颗粒摇动至融化。

输精前解冻后精子活力不低于0.3,解冻后立即输精。如需短时间保存可以用低温保存液做解冻液。

赵有璋等(2000年)对绵羊颗粒冻精品质试验研究,理想的解冻方法是:在壁薄口径大的解冻管内加入0.1ml医用维生素B_{12}(加入量以能润滑管壁为宜),迅速放入2粒冻精,立即将其放入45~55℃的水浴中轻轻摇动,当冻精颗粒基本溶解后,即转入37℃的恒温水浴中待用。冷冻409d绵羊颗粒冻精,解冻后活力均在0.5以上,对300只母羊人工授精受胎率为65.67%。张义海等用澳美羊细管冻精改良东北细毛羊情期受胎率为51%,总受胎率为74.8%。杨菊清等用保存30多年(1975年制作)的澳洲美利奴羊冻精颗粒对自然发情母羊进行多次输精试验。平均受胎率为37.69%,平均产羔率114.33%。冻精解冻活力评分每提高0.1分,平均受胎率提高9.32%,平均产羔率提高8.33%。在同等活力水平下,腹腔镜子宫角输精受胎率明显高于常规输精法。

(2)腹腔内窥镜子宫角输精技术 腹腔镜主要由观察镜(望远镜和内窥镜)镜筒、光导纤维和光源系统组成。还配有组合套管和针以及送气、排气、照相、电视监测及录像系统等附件。腹腔镜用于生殖道检查,可以对内脏器官进行临床诊断、实验研究和早期妊娠诊断;用于人工授精和胚胎移植,可以提高成功率。

①腹腔镜操作方法:羊常采用仰卧保定,为了减少腹部压力可使羊头部斜向下方,后躯抬高,以便更好地操作。按外科手术方法对术部剪毛消毒,在靠近脐孔的腹中线皮肤上做一小切口,将消毒导管针穿过切口刺入腹腔;接上送气胶管后向腹腔内缓慢打气,压迫胃肠前移;拔出导管针后,从导管内插入腹腔镜,接上光源后在腹腔镜观察下,经内窥镜镜头上的孔道插入较小的针头和套管,将精液直接输入子宫角。操作结束后,取出器械,从排气孔放出腹腔内气体,最后拔出导管针。

②应用腹腔镜技术注意事项:在羊饱食情况下不宜操作;插入导管针要掌握好方向和深度;整个过程要严格消毒、预防感染,必要时缝合伤口;放气速度不

能太快，防止腹压突然降低发生休克；操作环境要无菌、无尘。

新疆农科院畜牧兽医所采用此法一次输精情期受胎率达到 75.54%，最高情期受胎率达到 84.4%。天津市畜牧兽医研究所通过腹腔镜技术和手术两种方法受体移植试验表明，受胎率分别为 60.1% 和 58.6%，时间分别为 3~5min 和 6~8min，而且创伤小，不易造成受体子宫粘连，重复利用率高。

（3）分散输精技术　对人工授精过程中公羊的鲜精进行处理，在规定的时间内分散运送到各个输精点，并使输精时的精液品质达到配种要求。可减少劳动力投入及母羊运送成本，保障人工授精工作的顺利开展。

李焕玲等（2005 年）对绵羊鲜精在稀释后输精和稀释后远距离运送低温精液输精（鲜精稀释后用脱脂棉包裹置于 0~4℃，保温瓶内放上冰块）两种方式受胎率为 95% 和 66%、67%。王新平（2008 年）等用 1 号稀释液（3% 葡萄糖 +1.4% 柠檬酸钠 + 蒸馏水 95.6%）和 2 号稀释液（3% 葡萄糖 +1.4% 柠檬酸钠 +5.4% 甘油 + 蒸馏水 90.2%）80% 的原液加入 20% 卵黄。1 号稀释精液运送时间在 20min 内（精液温度保持在 35℃）输精，受胎率为 88.51%；2 号稀释精液运送时间在 60min 内（运送前降温平衡处理，即稀释后 30~40min 缓慢降温至 25℃后运送）输精，受胎率为 87.71%。

3. 适时输精和输精次数

一般早晚两次试情，上午、下午两次输精，两次输精时间间隔 6h。实际工作中，傍晚试情和次日早晨试情的发情母羊于次日上午、下午两次输精，第二天早晨试情后回到母羊群。

4. 输精量

输精量以精液品质和与配母羊数量而定，活力好、密度大的精液 3 倍稀释后按 0.05~0.1ml 输精量也可，冻精输精量为 0.1~0.2ml。

5. 工作完毕，按规程及时清洗消毒好器械备用。

6. 输精注意事项

（1）及时采精，及时输精。

（2）输精部位为子宫颈内（冻精输精尽量深些），输精量足，有效精子数不少于 5 000 万个。

（3）母羊外阴要擦拭干净。

（4）送取开腔器时要注意防止夹破母羊阴道黏膜。

（5）每份精液输到中间，应再做一次镜检。

（6）连续输精时，注意输精器和开腔器的消毒。

（六）补配

人工授精若进行的比较正常，一个情期母羊发情率应达到 80% 以上，情期受胎率应达到90%以上，经过两个情期，受胎率可达到95%。剩下没配上的母羊，应进行补配，补配的方法有：

1. 每天照常试情，试出发情母羊与指定的公羊牵引交配。

2. 把公羊或经过检查的试情公羊按1∶（40～50）与母羊合群，让其自然交配，一般补配一个发情周期（17～20d）即可。

（七）影响人工授精受胎率的主要因素

1. 精液品质

加强公羊的饲养管理、调整采精频率、严格精液检验。

2. 输精时间

做好发情鉴定，准确判定排卵时间，做到适时输精（发情中期或后期）。

3. 输精技术

要做到"稳"、"准"、"快"。

4. 营养和繁殖机能

母羊的营养不均衡，特别是缺乏锌、硒等矿物质或维生素A、维生素E等对母羊繁殖机能起重要作用的营养物质，会造成受胎率下降，严重时造成胚胎早期死亡或流产。

5. 生殖道状况

生殖道损伤（如难产等）及感染（如子宫内膜炎等）均影响受胎率。

第四节　胚胎移植技术

胚胎移植是将处于某一发育阶段的早期胚胎移植到与其发育阶段相对应的同种母畜子宫内，使之受孕并产子的技术。提供胚胎的个体称为供体，接受胚胎的个体称为受体。胚胎移植是由产生胚胎的供体和养育胚胎的受体分工协作完成繁殖后代的任务。

一、胚胎移植的意义

1. 通过胚胎移植，在育种上可以加大选择强度，提高选择的准确性，缩短时代间隔，加快遗传进展和育种进程。

2. 充分发挥优良母畜的繁殖潜力，提高繁殖效率。

3. 便于良种种质资源的引进、运输、检疫、隔离，成本低。

4. 为动物生物多样性方面建立种质资源库提高了新的技术手段。

5. 促进动物生殖生理学理论和相关胚胎生物技术的发展。

二、胚胎移植的生理学基础和基本原则

（一）胚胎移植的生理学基础

受精或未受精的母畜，在发情后的最初数日或数十日，生殖系统发生的变化是相同的，在这期间其生理状态也是完全一致的。因此，胚胎从供体母畜体内取出移植到受体体内，只要两者生殖系统处于相同的生理状态，胚胎就会在受体体内继续发育成长。这就要求供体、受体发情周期的同期化程度前后不超过一天。通常在供体发情、配种后 3 ~ 8d 采卵，受体也在相同的时间接受移植。同时，早期的胚胎处于游离状态，和生殖道组织没有建立紧密联系，它的发育基本靠本身储存的养分。容易从生殖道取出，并且在离体的情况下可短期培养，易存活，当再放回到与供体相似的环境中即可发育。

（二）胚胎移植的基本原则

胚胎移植前后所处环境的同一性，即供体和受体在分类学上的相同属性（属于同一个种），在时间上即生理上（发情周期阶段）的一致性，在空间上的即解剖上（胚胎所处部位）的相似性是胚胎移植应遵守的基本原则。

三、胚胎移植的技术程序

包括供体、受体母羊的选择，供体、受体的同期发情，供体的超数排卵与配种，胚胎的回收、质量鉴定、保存和移植等。

（一）供体、受体母羊的选择

1. 供体母羊的选择

具有较高的育种价值，遗传性能稳定，系谱清楚。身体健康，经检测布氏杆菌病、结核等均为阴性。生殖系统机能正常，有 2 个或 2 个以上正常的发情周期，膘情适中。

2. 受体母羊的选择

体格较大本地经产母羊，具有良好的繁殖性能，身体健康，经检测无布氏杆菌病、结核等均为阴性。无生殖系统疾病，生殖系统机能正常，膘情适中。

（二）供体、受体的同期发情

1. 自然发情

对受体羊群自然发情进行观察，与供体羊发情前后相差一天的羊可作为受体。

2. 诱导发情

分为孕激素类和前列腺素类控制同期发情两类方法。孕酮海绵栓法是一种常用的方法。

海绵栓在灭菌生理盐水中浸湿后塞入阴道深处，至 13~14d 取出，在取海绵栓的前一天或当天，肌肉注射 PMSG（400IU）或戊酸雌二醇或苯甲酸雌二醇（2~4mg），48h 前后受体羊可表现发情。

3. 供体羊超数排卵应在每年绵羊最佳繁殖季节进行

处理时间应在自然发情或诱导发情的情期第 12 小时至第 13 小时进行。超数排卵有两种处理方法：

（1）促卵泡素（FSH）减量处理法　供体羊在发情后的 12~13h 开始肌注 FSH，早晚各一次，间隔 12h 分 3d 减量注射，FSH 总剂量为 200~300 单位。供体羊在开始注射后的第四天发情，发情后立即静注（或肌注）促黄体素（LH）75~100U，LH 的剂量为 FSH 的 1/3。

（2）孕马血清促性腺激素（PMSG）处理法　在发情周期的第 12 天至第 13 天，一次肌注 PMSG 1 500~2 000IU，发情后 18~24h 肌注等量的抗 PMSG。

（三）胚胎移植技术操作流程

以发情日为 0d，在 6~7.5d 或 2~3d 用手术法分别从子宫或输卵管回收卵。供体羊手术前应停食 24~48h。有超数排卵、采卵、检卵、胚胎鉴定及分级、胚胎冷冻保存、胚胎解冻、胚胎分割、胚胎移植等程序。

采卵方法有输卵管法（供体羊发情后 2~3h）和子宫法（供体羊发情后 6~7.5h）。输卵管法的优点是卵的回收率高，冲卵液用量少，检卵省时间。缺点是容易造成输卵管，特别是伞部的粘连。

闫海龙等用内蒙古细毛羊为供体，小尾寒羊为受体，用 FSH + CIDR 法对供体超排，人工授精法配种，两次 PGF_{2a} 注射法对受体进行同期发情，手术法子宫角回收供体的胚胎。结果每只供体获得 9.83 枚可用胚胎，胚胎合格率 85.82%。受体羊同期发情率 72%，产羔率 56.54%。

（四）影响胚胎移植效果的因素

1. 品种

供体品种对超排效果差异不大。一般细毛羊好于肉用羊，肉用羊好于地方品种。受体杂种母羊的胚胎移植效果优于土种羊。

2. 年龄、胎次、体况

供体、受体选择 2~4 岁的经产母羊。1 岁以下或 6 岁以上母羊效果较差。母羊需选择体重适中、健康无传染病和繁殖疾病。

3. 发情鉴定和配种

供受体母羊自然发情出胚效果好于药物处理发情。准确的鉴定发情时间，及时配种可获得更可能多的可用胚胎。人工授精胚胎可用率低于自然交配。

4. 胚胎收集、鉴定、保存、移植

需无菌操作，技术熟练，对胚胎准确鉴定。鲜胚体外保存不超过 4h。供受体发情同步化程度越高（同步差不得超过 ±12h），移植成功率越高。以母羊接受爬跨的当天作为第 0 天，第 6 天胚胎移植受胎率较高。

5. 饲养管理

加强供受体母羊及种公羊的饲养管理，提高营养水平，特别是微量元素和维生素的补给。受体胚胎的早期（移植 10 ~ 30d）易发生丢失、死亡和流产。

6. 环境因素

一般繁殖季节胚胎移植效果好于非繁殖季节，全舍饲均衡营养条件下好于全年放牧条件。天气突然变化、移植场所温度、湿度、卫生状况等对胚胎移植效果都有影响。

7. 组织管理

根据供受体羊、试验室、日程安排、器材药品准备等制定科学、合理的实施方案，严格执行。

（五）胚胎移植技术存在的主要问题

1. 使超排效果不够稳定

由于不同的个体和年龄对超排处理的反应差异很大，排卵率很不稳定。

2. 胚胎回收率低

不能全部回收位于输卵管或子宫角内的胚胎，而且排卵数过多往往降低胚胎的回收率。一般手术法采集胚胎，输卵管回收的数量比子宫角多。

3. 供体的再利用问题

如采用输卵管法采卵，容易造成输卵管，特别是伞部的粘连，影响供体的再利用。

4. 胚胎移植技术推广体系不健全

能够数量掌握胚胎移植技术的人才缺乏，胚胎移植的激素、药品和器械的国产化率低，进口价格较高，制约了胚胎移植技术的推广应用。

新疆玛纳斯新澳畜牧有限责任公司 2008—2012 年在玛纳斯县和昌吉市用萨福克羊为供体，当地低等级细毛羊、粗毛羊为供体进行了胚胎移植试验，结果如表 4 - 2。

张宾等（1999 年）以 250 枚南非肉用冷冻胚胎为供体，215 只当地山羊为受体进行胚胎移植。将 CIDR 放置在母羊引道内至第 16 天取出，发情当天为 0d，第 6 天移植。采用一步法解冻，子宫角移植。结果同期发情率为 89.3%，黄体合格率 95.83%。对黄体合格 184 只受体羊移植，妊娠率 40.2%。杨永林等（1999 年）以南非肉用细毛羊冻胚为供体，中国美利奴羊为受体进行非繁殖季节

（2～3 月）和繁殖季节（9～10 月）同期发情移植试验。结果非繁殖季节同期率 53.4%，受胎率 20%；繁殖季节同期率 66.82%，受胎率 55.37%。

表 4 - 2　细毛羊、粗毛羊为供体的胚胎移植试验结果

时间	供体羊数	合计产胚数	平均产胚数	移植受体母羊数	产羔数	受体产羔率（%）	4 月龄羔羊成活数
2008～2009 年	150	860	5.73	860	258	30.00	219
2010～2011 年	600	3 644	6.07	3 644	1 031	28.29	910
2012 年	187	1 084	5.79	1 084	326	30.07	290

第五章 细毛羊高效生产饲养管理技术

第一节 细毛羊饲养管理模式

一、放牧＋补饲

（一）放牧

1. 春季放牧

绵羊春季放牧，可使绵羊恢复体力，给以后的抓膘创造条件。春季气候不稳定，昼夜温差大。出牧应迟，归牧应早。放牧应选择低洼地、山地的阳坡，这些地方雪融的早，牧草萌生也早。以禾本科草占优势的草场应在叶鞘膨大、开始拔节时放牧；豆科牧草在生长叶芽及花蕾初现时，杂草类进行分枝时开始放牧。如果过早放牧，不但羊吃不饱，而且对牧草造成损害，容易造成草场退化。绵羊在牧草萌生时喜欢抢"青"，引起腹泻，因此春季放牧要逐步过渡，使羊的消化道逐渐适应。

2. 夏季放牧

夏季牧草生长茂盛，是抓膘的关键时期。为防止羊践踏草场，造成退化，应把羊散开放，以充分利用草场，采取划区轮牧是科学实用的放牧方法。在高山草场上，应先放高处，后放低处，因为高山牧草枯黄早，后期牧草的利用率下降，天气也比较寒冷。夏季放牧要避暑和避蚊蝇叮咬。可上午放阳坡，下午放阴坡，放牧时要背太阳，或迎风放，使羊不受热。为避免蚊蝇叮咬，可夜牧，但要防止狼等野兽的侵袭。夏季牧草的含水量较多，干物质少，必须注意补盐。

3. 秋季放牧

秋季是绵羊配种和抓膘的季节。母羊应安排在草场水源好、距离配种站近的地方放牧。不要在有毒害草的草场放牧，以免对羊造成伤害。深秋季节早晨牧草上有霜，不应出牧过早，造成母羊流产。结合秋收抢茬放牧，利用茬地里的农作物籽实和茎叶，是最好的抓膘方法。充分利用秋季良好的气候和牧草条件延长放牧时间，抓膘放牧，可以增强抵抗"冬瘦春乏"的能力。入冬前根据羊的膘情合理组群，趁秋季膘情好时及时淘汰老龄、常年空胎和生产性能低的母羊。除留后备母羊的羔羊外，其余羔羊应育肥出栏或是直接出栏。

4. 冬季放牧

冬季放牧主要是保膘保胎。冬季牧草枯黄，气候寒冷，放牧时间短。应先放远坡，后放近坡，先放高处，后放低处。以免下大雪这些先放的地段被雪覆盖。在圈舍附近保留一块较好的草场，为产羔母羊或气候突变时使用。为了更有效地利用草场，要有计划地对冬牧场分块放牧。在有条件的地方要建立人工饲草料基地，逐步实现冷季舍饲。

（二）补饲

我国牧区多属大陆性气候，冬季严寒，枯草期长，绵羊因放牧而不能满足营养需要使膘情下降，如遇雪灾，造成死亡，因此必须补饲。

在夏、秋季节就应储备草料。可种植牧草、收割青草晾晒成干草，同时可根据当地饲草料资源收集秸秆、秕壳等粗饲料以及玉米等部分精料，以满足安全越冬的需要。

对乏弱羊的补饲一般从 12 月开始，如发现有的羊已不能随群放牧再补则起不到补饲的作用。俗话说"早补补在腿上，晚补补在嘴上"就是这个道理。补饲精料在放牧前，补草在归牧后。把膘情差的羊挑出来先补，膘情好后再转到大群合喂。

细毛羊与粗毛羊相比抵御恶劣气候的能力差，建设标准化圈舍，特别是暖棚是减少体力消耗和安全越冬的必要条件。冬季羊膘情普遍下降，抵抗疾病的能力降低，因此春秋季应进行驱虫。

二、半舍饲

受传统生产生活方式影响，牧区牧民一直延续着四季放牧的习惯，管理粗放，牲畜死亡较多，也是草原畜牧业长期处于"夏壮、秋肥、冬瘦、春乏"恶性循环的重要原因。因此，要转变牧区畜牧业生产方式，推行暖季放牧、冷季舍饲圈养，即放牧和舍饲相结合。在放牧资源缺乏的地区或冬春枯草期，放牧不能满足羊的营养需要时，通过舍饲补给饲草和精料，以满足其生长发育的需要。

细毛羊冷季舍饲（暖季放牧）试验例证：

任玉平等（2011 年）在昌吉市阿什里乡阿什里村进行细毛羊冷季舍饲试验。为全面推行细毛羊冷季舍饲提供了科学依据。

（一）试验设计与试验方法

1. 试验设计

试验从 2011 年 11 月至 2012 年 3 月，试验期为 150d。试验分为 4 组，每组 30 只生产母羊。随机选择生产母羊分组，根据当地现有的饲草料资源和细毛羊营养需求，试验设置了四组饲草料配方，配方如表5-1。

表5-1　细毛羊（妊娠母羊）饲料配方　　（单位：g/d）

组号	内容	青贮	玉米	麦衣子	油渣	麸皮	麦粒
1	配方1	2 500	200	200	50	50	50
2	配方2	3 000	200	200	50	50	50
3	配方3	3 500	200	200	50	50	50
4	配方4	2 500	200		50	50	

2. 试验方法

根据试验配方设计，每天分3次饲喂。每组固定30只母羊，每隔一个月进行空腹体重测量。

（二）试验结果

1. 体重测定

由表5-2表明4个试验组生产母羊体重从11月至翌年2月呈增加的趋势，差异不明显，2~3月产羔期间，体重呈下降的趋势。试验羊体重从11月至翌年2月分别增加了2.09~5.0kg。增幅达到4.4%~10.39%。从开始舍饲至产羔前各处理体重增加差异极显著（$P < 0.01$）。

表5-2　舍饲细毛羊体重变化

日期	1组	2组	3组	4组
2011年11月	47.52 ± 2.36	46.88 ± 5.87	48.14 ± 1.59	45.33 ± 1.97
2011年12月	47.93 ± 3.11	47.24 ± 5.12	48.59 ± 3.73	45.81 ± 4.39
2012年1月	50.23 ± 3.08	51.25 ± 5.88	54.20 ± 4.04	51.20 ± 5.27
2012年2月	52.54 ± 3.92	53.57 ± 6.70	57.29 ± 4.61	54.20 ± 5.50
2012年3月初	47.77 ± 3.25	49.20 ± 7.43	54.55 ± 6.84	49.26 ± 5.41
2012年3月底	49.75 ± 3.25	48.97 ± 4.44	53.14 ± 5.89	48.20 ± 5.09

2. 试验结果分析

（1）不同处理的体重分析　　从增重效果看，第四组处理增重效果最佳。图5-1说明，4个组母羊体重的变化趋势基本相同，通过方差分析判断，4个组间差异不显著，说明在精料基本不变的情况下，饲喂青贮量在2 500~3 500g/d均可，但考虑节约成本，可以选择青贮量小的配方进行饲喂。

（2）不同处理的成本效益分析　　青贮市场价0.3元/kg，玉米2.5元/kg，麸皮 1.2 元/kg，油渣 1.7 元/kg，麦粒 1.6 元/kg，麦衣子 0.4 元/kg。每只生产母羊日舍饲成本第 I 组 2.07 元，第 II 组 2.3 元，第 III 组 2.57 元，第 IV 组 1.91 元。每只生产母羊冷季舍饲的成本第 I 组 310.5 元，第 II 组 345 元，第 III 组 385.5 元，第 IV 组 286.5 元。

从 11 月至翌年 3 月产羔前，第 I 组增重 4.98kg，第 II 组增重 6.69kg，第 III 组增重 9.18kg，第 IV 组增重 8.87kg。

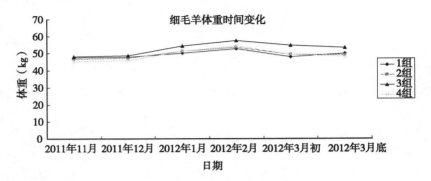

图 5-1　细毛羊体重变化

（三）结论

1. 结论

根据不同处理的成本和效果分析，在精料饲喂标准不变的情况下，饲喂青贮量 3500g/d 的效果最好，但综合成本和增重效果，可选择配方 4。

2. 讨论

（1）定居舍饲是牧区传统畜牧业生活生产方式的重大变革，投入适当的成本进行舍饲可达到较好的收益，促进牧民从冬季放牧向舍饲生产方式的转变。

（2）不论冷季补饲或冷季舍饲，成本都要比全年放牧高。因此，综合考虑草畜耦合系统的生态、经济效益以及牧民生活，认为实施冷季舍饲是必要的，至于舍饲多长时间，则要根据不同地区自然、生产和经济条件而定。

三、全舍饲

全舍饲即在圈舍内采用人工配制的饲草料喂羊。在农区没有放牧场地，但农副产品资源丰富，可采用全舍饲的饲养方式。全舍饲虽然比半舍饲生产成本高，但羊群好管理，体重、繁殖率、成活率、出栏率都得到很大的提高。可有效缓解目前草场资源日益严重退化的压力，是转变传统的养羊饲养方式，向规模化、集约化发展的方向。

舍饲的羊舍应宽敞通风，推广暖棚饲养技术，设运动场，羊每天定时运动。

定期对圈舍消毒，做好疫病防治工作。结合当地饲草料资源，按饲养标准合理配制，做到营养全面，适口性好。

舍饲养羊要提高经济效益，必须应用相应的配套技术措施。如经济杂交、同期发情、人工授精、羔羊早期断奶、两年三产等技术，可充分发挥优秀种公羊的杂种优势作用提高生产性能，根据市场需求，集中配种、产羔、育羔、断奶，便于管理。同时缩短母羊的繁殖周期和生产周期，加快羊群周转。

现代养羊生产的特点是注意规模效益。养殖规模大，饲养密度高，生产周期短，劳动生产率高，产品适应市场需求，饲养方式以舍饲为主。

羊集约化养殖是采用工厂化生产方式，运用现代的科学技术和设备，进行高效益养羊生产，提高繁殖率、饲料利用率、产品的产量和质量、劳动生产率，获得最大的经济效益和生态效益，使养羊生产得以可持续发展。

羊集约化养殖的技术要点主要有优良羊品种引进与利用、优质饲草高产栽培、高频高效繁殖与饲养管理、兽医保健综合配套技术、粪便无害化处理与高效利用、集约化养殖的产业化等。

第二节　饲养标准

一、种公羊对营养的需要

要使公母羊保持正常的繁殖力，营养状况起着重要作用。1ml 精液所消耗的营养物质等于 50g 可消化粗蛋白质，一部分必须直接来自饲料。不饱和脂肪酸是公、母羊性激素的必需品，严重不足时影响公、母羊的繁殖力。维生素 A 缺乏导致公羊性欲减弱，精子数量减少，活力下降，畸形精子增加；母羊发情紊乱、不孕、早产、死胎等。维生素 D 不足引起母羊和胚胎钙磷代谢障碍。维生素 E 不足公羊精液品质降低，母羊虽能受胎等胎儿很快被吸收或早期流产。维生素 B 族维生素虽然在羊的瘤胃内可合成，但不足时，公羊睾丸萎缩，性欲减退，母羊繁殖停止。维生素 C 是保持公羊正常性机能的营养物质。缺磷可导致母羊不孕或流产，影响公羊精子的形成。缺乏钙降低羊的繁殖力。缺硒母羊妊娠后期易发生胚胎死亡，配种前 2~3 周和分娩前 1 个月各口服 5mg 硒能有效防止胚胎死亡的发生（表 5-3、表 5-4）。

表5-3 中国美利奴种公羊每日营养物质需要量

体重 （kg）	干物质 （kg）	代谢能 （MJ）	粗蛋白质 （g）	钙 （g）	磷 （g）	食盐 （g）	维生素D （IU）	维生素E （IU）
非配种期								
70	1.7	15.5	225	9.5	6.0	10	500	51
80	1.9	17.2	249	10.0	6.4	11	540	54
90	2.0	18.8	272	11.0	6.8	12	580	57
100	2.2	20.1	294	11.5	7.2	13	615	60
配种期								
70	1.8	18.4	339	12.1	9.0	15	780	63
80	2.0	20.1	375	12.6	9.5	16	820	66
90	2.2	22.2	409	13.2	9.9	17	860	72
100	2.4	23.8	443	13.8	10.5	18	900	75

表5-4 中国美利奴种公羊日粮配方

饲料及营养水平	配种期	非配种期
禾本科青干草（%）	30	70
苜蓿干草（%）	30	—
混合精料（%）	40	30
合计	100	100
干物质（%）	90	90
代谢能（MJ/kg）	9.07	8.28
粗蛋白（%）	15.9	11.7
钙（%）	0.93	0.88
磷（%）	0.34	0.32

二、育成羊对营养的需要

绵羊在生长发育阶段营养充足与否直接影响羊的体型与体重。羊身体各部位的生长速度是不同的，各阶段的生长重点也不同。头部、四肢和皮肤是早期发育的部分，而胸腔、骨盆、腰部和肌肉组织是晚期发育而又生长比较长久的部分。出生前高度方面的生长占优势，出生后长度方面的生长加快，最后才是深度和宽度的生长。有一些成年羊四肢很长，但胸窄而浅，后躯短小，就是在哺乳期营养还好，断乳后在育成阶段营养不良造成的。这样体型的绵羊以后再加强饲养也补偿不起来。只有均衡的饲养，才能把羊培育成体大、体长、胸宽深各部位匀称的个体。

绵羊从出生到开始配种，经过哺乳和育成两个生长发育阶段。

羔羊在哺乳前期主要依靠母乳生活，哺乳后期以饲料为主。哺乳期的特点是羔羊生长发育迅速，日增重可达 200 ~ 300g，要求蛋白质的质量高，每日需要可消化蛋白质105g，需钙2.4 ~ 5.0g，磷1.6 ~ 3.3g，以满足羔羊快速生长发育的需要。缺乏硒和维生素 E 造成羔羊心肌营养不良、肌肉变性、突然死亡等，缺硒地区在出生后 20d 可肌肉（或皮下）注射 0.2% 亚硒酸钠 1ml，间隔 20d 后再注射 1.5ml 可预防该病（表 5 – 5、表 5 – 6、表 5 – 7）。

表 5 – 5　中国美利奴育成羊每日营养物质需要量

体重（kg）	干物质（kg）	代谢能（MJ）	粗蛋白质（g）	钙（g）	磷（g）	维生素 D（IU）	维生素 E（IU）
公羊（日增重150g）							
20	1.0	10.0	132	4.3	2.0	111	14
30	1.2	12.2	150	5.0	2.3	167	17
40	1.4	14.2	167	5.8	2.6	222	20
50	1.6	16.2	182	6.5	3.0	278	23
60	1.7	18.2	198	7.3	3.3	333	26
70	1.9	20.3	212	8.0	3.6	389	29
母羊（日增重100g）							
20	0.7	7.7	80	3.3	1.5	111	11
30	0.9	9.6	92	4.1	1.9	167	14
40	1.1	11.3	103	4.8	2.2	222	16
50	1.2	13.1	113	5.6	2.5	278	19

表 5 – 6　中国美利奴育成羊混合精料配方

饲料及营养水平	配方1	配方2
玉米（%）	68	70
豆饼（%）	28	—
葵花籽粕（%）	—	26
尿素（%）	1.5	1.5
矿物质（%）	2.5	2.5
合计	100	100
干物质（%）	90	90
代谢能（MJ/kg）	11.84	10.92
粗蛋白（%）	20.50	16.60
钙（%）	0.57	0.47
磷（%）	0.45	0.48

表 5 - 7　中国美利奴育成羊混合饲粮配方

饲料及营养水平	配方 1	配方 2
优质青干草（%）	53.00	65.00
混合精料（%）	47.00	35.00
合计	100.00	100.00
干物质（%）	90.00	90.00
代谢能（MJ/kg）	9.90	7.91
粗蛋白（%）	13.80	9.30
钙（%）	0.54	0.39
磷（%）	0.21	0.21

三、生产母羊对营养的需要

母羊的泌乳量直接影响哺乳羔羊的增重，为泌乳期的母羊提供充足的营养才能保证足量的乳汁，满足羔羊正常生长发育的需要。一般每增重 100g 需母乳 500g，而生产 500g 羊乳需要 0.3kg 饲料单位，33g 可消化蛋白质，1.2g 磷和 1.8g 钙。

饲料中蛋白质含量必须高出乳汁中蛋白质含量的 1.6 倍左右，蛋白质供给不足，影响泌乳量和降低乳脂含量，使母羊的体况下降。饲料中必须有充分的脂肪和碳水化合物，否则母羊就要消耗蛋白质来形成乳脂。

在饲料中矿物质的含量达到乳中含量的一倍时，才能形成含有足量矿物质的乳汁。因此需经常供给骨粉和食盐。维生素 A、维生素 B（族）、维生素 C 和维生素 D 对泌乳有很大作用（表 5 - 8、表 5 - 9、表 5 - 10、表 5 - 11、表 5 - 12、表 5 - 13）。维生素 B 族和维生素 C 在羊体内可以合成，一般不缺乏。维生素 A 必须通过饲料中胡萝卜素补充，乳中缺乏维生素 D 影响羔羊对钙磷的吸收。

表 5 - 8　中国美利奴妊娠母羊每日营养物质需要量

体重（kg）	干物质（kg）	代谢能（MJ）	粗蛋白质（g）	钙（g）	磷（g）	维生素 D（IU）	维生素 E（IU）
妊娠前期（妊娠后 15 周）							
40	1.2	8.8	122	5.3	2.8	222	18
50	1.4	10.5	145	6.2	3.2	278	21
60	1.6	11.7	166	7.0	3.7	333	24
妊娠后期（妊娠后 6 周）							
40	1.4	12.1	151	8.8	4.9	222	21
50	1.7	14.2	179	10.7	6.0	278	25.5
60	1.9	16.3	205	12.0	6.7	333	28.5

表 5 - 9　中国美利奴妊娠母羊精料配方

饲料及营养水平	妊娠前期		妊娠后期	
	配方 1	配方 2	配方 1	配方 2
玉米（%）	33.00	62.00	52.00	80.00
葵花籽粕（%）	50.00	26.00	35.00	11.00
麸皮（%）	15.00	10.00	10.00	—
大豆饼（%）	—	—	—	6.00
骨粉（%）	1.00	1.00	2.00	2.00
食盐（%）	1.00	1.00	1.00	1.00
合计	100.00	100.00	100.00	100.00
干物质（%）	90.00	90.00	90.00	90.00
代谢能（MJ/kg）	9.50	10.50	10.00	11.00
粗蛋白（%）	19.60	13.90	15.90	11.90
钙（%）	0.48	0.40	0.66	0.56
磷（%）	0.66	0.51	0.83	0.74

表 5 - 10　中国美利奴母羊妊娠日粮配方

饲料及营养水平	妊娠前期		妊娠后期	
	配方 1	配方 2	配方 1	配方 2
禾本科干草（%）	85.00	70.00	75.00	60.00
苜蓿干草（%）	—	20.00	—	15.00
混合精料（%）	15.00	10.00	25.00	25.00
合计	100.00	100.00	100.00	100.00
干物质（%）	90.00	90.00	90.00	90.00
代谢能（MJ/kg）	7.50	7.50	7.80	8.20
粗蛋白（%）	9.60	9.10	9.30	9.50
钙（%）	0.74	0.96	0.46	0.56
磷（%）	0.24	0.22	0.26	0.27

表 5 - 11　中国美利奴羊泌乳前期每日营养物质需要量

体重（kg）	干物质（kg）	代谢能（MJ）	粗蛋白质（g）	钙（g）	磷（g）	维生素 D（IU）	维生素 E（IU）
泌乳量（0.8kg）							
40	1.7	13.8	214	11.9	6.5	222	26
50	1.9	15.5	234	13.3	7.2	278	29
60	2.1	16.7	250	14.7	8.0	333	32
泌乳量（1.0kg）							
40	1.7	15.1	232	11.9	6.5	222	26
50	1.9	16.7	251	13.3	7.2	278	29
60	2.1	18.0	269	14.7	8.0	333	32
泌乳量（1.2kg）							
40	1.7	16.3	251	11.9	6.5	222	26
50	1.9	18.0	269	13.3	7.2	278	29
60	2.1	19.3	288	14.7	8.0	333	32

表 5 – 12　中国美利奴母羊泌乳前期精料配方

饲料及营养水平	配方 1	配方 2
玉米（%）	52.00	43.00
葵花籽粕（%）	36.00	25.00
棉籽粕（%）	—	20.00
麸皮（%）	9.00	9.00
骨粉（%）	2.00	2.00
食盐（%）	1.00	1.00
合计	100.00	100.00
干物质（%）	90.00	90.00
代谢能（MJ/kg）	9.70	9.70
粗蛋白（%）	16.10	20.40
钙（%）	0.66	0.69
磷（%）	0.83	0.79

表 5 – 13　中国美利奴母羊泌乳前期日粮配方

饲料及营养水平	配方 1	配方 2
禾本科干草（%）	40.00	25.00
苜蓿干草（%）	25.00	—
青贮玉米（%）	—	40.00
混合精料（%）	35.00	35.00
合计	100.00	100.00
干物质（%）	90.00	45.60
代谢能（MJ/kg）	8.40	4.00
粗蛋白（%）	12.10	5.40
钙（%）	0.69	0.27
磷（%）	0.38	0.16

注：泌乳后期饲料配方可采用妊娠后期的饲料配方

四、育肥羊对营养的需要

育肥就是增加绵羊体内的肌肉和脂肪，并改善肉的品质。对育肥羔羊来说，包括生长过程和育肥过程。生长是肌肉组织和骨骼的增加，育肥是脂肪的增加。肌肉组织主要是蛋白质，骨骼由钙和磷构成，3 月龄体重 25kg 的育肥羔羊每天需可消化粗蛋白质 80～100g，钙 1.5～2.0g，磷 0.6～1.0g，食盐 3～5g（表 5-14 和表 5-15）。

表 5-14　育肥羔羊颗粒料配方　　　　　　　　　　　（单位:%）

饲料及营养水平	配方 1	配方 2
玉米（%）	47.80	33.30
甜菜渣（%）	8.00	6.00
大豆粕（%）	13.00	10.50
棉籽粕（%）	5.00	4.00
苜蓿草粉（%）	9.00	16.50
小麦秸（%）	6.00	11.00
玉米秸（%）	10.00	18.00
石灰石粉（%）	0.60	0.10
食盐（%）	0.30	0.30
添加剂（%）	0.30	0.30
合计	100.00	100.00
消化能（MJ/kg）	12.40	11.20
粗蛋白（%）	14.30	13.00
钙（%）	0.58	0.51
磷（%）	0.29	0.26
精粗比例	75：25	54.5：45.5

注：如无甜菜渣，可用小麦代替。配方适用于 3～3.5 月龄杂交羔羊育肥，平均日增重 240g 以上，饲料转化比配方 1 为 4.44，配方 2 为 5.32

表 5-15　成年育肥羊饲料配方

饲料及营养水平	配方	饲料及营养水平	配方
玉米（%）	54.6	消化能（MJ/kg）	14.85
菜籽饼（%）	14.1	代谢能（MJ/kg）	11.92
苜蓿干草（%）	11.7	粗蛋白（%）	12.10
麸皮（%）	10.2	粗纤维（%）	15.72
湖草（%）	1.2	钙（%）	0.35
青贮玉米（%）	7.8	磷（%）	0.36
食盐（%）	0.4		

注：采食量：精料 0.88kg，粗料 0.28kg，青贮料 0.43kg

第三节　常用饲草料及日粮配合

一、常用饲草料

（一）青绿饲料

指青绿鲜嫩、柔软多汁、富含叶绿素、自然水分含量高的植物新鲜茎叶、天然牧草和栽培牧草、田间杂草、树枝嫩叶及菜叶。

1. 营养特点

适口性好，消化率高，蛋白质含量丰富且品质好，纤维素含量高，有改善瘤胃环境、刺激消化液分泌的作用。常用的豆科青绿饲料：如苜蓿、红豆草、三叶草、草木樨等，含蛋白质高，是供给羊只蛋白质的主要牧草。禾本科青绿饲料：如苏丹草、饲用玉米等，是羊所需多种维生素和无机盐的主要来源。

2. 加工与调制

主要是切短鲜喂、晾晒粉碎，长度一般为 3cm。

3. 饲喂注意事项

（1）青绿饲料由于水分含量高，营养浓度和干物质含量低，在饲喂时应与其他饲草搭配使用，同时注意精料的补充。

（2）豆科牧草如苜蓿营养价值高，但由于青绿苜蓿中含大量可溶性蛋白质和皂素两种引起瘤胃膨胀的泡沫剂，在雨后放牧和新鲜饲喂时要特别注意；饲用甜菜叶、萝卜叶、白菜叶等含有硝酸盐，在瘤胃作用下产生有毒的亚硝酸盐，导致羊只中毒，在饲喂以上青绿饲料时应逐步适应、限量饲喂。

（3）注意是否喷洒过农药，以免引起中毒。

（二）青贮饲料

青贮是将青绿多汁饲料切碎、压实、密封在青贮窖或塑料袋内、经乳酸发酵而制成的气味酸甜、柔嫩多汁、营养丰富、易于保存的饲料，具有来源广、成本低、易收集、易加工、营养全面等特点。青贮是调制贮存青绿饲料和作物秸秆的经济而安全的方法，是保证养羊四季草料供应平衡、提高作物秸秆利用率和发挥养羊最大生产潜力的有效技术手段。

1. 营养特点

有效保存了青贮原料的鲜嫩枝叶和营养成分，青绿多汁、适口性强、消化率高，羊对青绿饲料青贮的消化率为 85%，对秸秆青贮的消化率为 65%。

2. 饲喂注意事项

（1）开窖后一定要进行气味、颜色和结构等感官鉴定后再使用，气味腐败发霉、暗色、褐色、墨绿色或黑色、粘成一团污泥状的品质低劣的青贮饲料不能使用。

（2）青贮饲料带有酸味，开始饲喂时羊可能不习惯采食，要短期过渡，逐渐增加喂量。

（3）青贮饲料具有缓泻作用，不宜作为单一饲料饲喂，喂量不宜过多，尤其是妊娠后期母羊喂量要适当，临产前 1~2 周减少或停止饲喂，以防流产。常与其他饲草料混合饲喂。

（4）青贮饲料与其他饲草料合理搭配饲喂，同时要注意补充钙和磷。

（三）粗饲料

粗饲料是养羊不可缺少的基础饲料，常用的有作物秸秆和青干草。

1. 营养特点

特点是体积大，干物质中粗纤维含量高，难以消化，可利用养分少，但缺乏时易引起消化系统疾病。

（1）作物秸秆（秕壳）　如玉米秸秆、麦秸、棉籽壳等，这类饲料来源广泛，成本低，粗纤维含量 20%~45%，消化率低，饲喂前需进行加工、调制。

（2）青干草　指未结实前收割晒制良好的牧草及杂草，优质的青干草呈绿色，叶多，其营养物质如蛋白质、维生素和矿物质含量比较平衡，粗纤维含量 20%~30%，且消化率较高，是营养价值较全面的饲料。

2. 饲喂注意事项

优质青干草是营养相对平衡的饲料，可作为各阶段羊的单一饲料自由采食。秸秆（秕壳）饲料由于消化率低，营养不平衡，不能单独作为羊的饲料，必须补充其他饲料。

（1）必须把混合精饲料作为粗饲料的补充　以喂粗饲料为主，精料为辅，充分发挥瘤胃消化粗饲料的潜力。精料比例，羔羊 60%，妊娠后期和泌乳期母羊 20%~40%，空怀期和妊娠前期母羊 10%~15%。

（2）补饲矿物质、维生素等　在精饲料中添加矿物质添加剂（或矿物质添砖）补饲，添加维生素 A，或增加一定量的青干草或青贮饲料、胡萝卜等多汁饲料。

（3）饲喂方法上要少喂勤添　以饲喂一次 2h 基本吃完不剩草为宜。

（四）精饲料

包括能量饲料和蛋白质饲料。具有可消化营养物质含量高、体积小、水分少、粗纤维含量低和消化率高等特点。常用的能量饲料有玉米、小麦麸；蛋白质饲料有葵籽饼（粕）、棉籽饼（粕）、黄豆饼（粕）。

1. 能量饲料

（1）玉米　淀粉含量高，粗纤维含量极少，故易消化，蛋白质含量较低（含蛋白质8%～9%），饲喂时需与蛋白质饲料搭配，并补充钙、维生素等饲料。

（2）麦麸　粗蛋白质含量11%～16%，粗纤维、磷含量较高，质地疏松，容积大，具有轻泻性，母畜产前和产后的饲喂适量麦麸粥，有调养胃肠道及保健作用。钙、磷比例为1∶8，用作饲料时应注意钙的补充。

2. 蛋白质饲料

（1）黄豆饼　粗蛋白含量在40%以上，其中，必需氨基酸含量比其他植物性饲料都高，如赖氨酸含量是玉米的10倍，因此，豆饼是植物性饲料中生物学价值最高的一种。豆饼的适口性好，营养全面，饲喂羔羊、培育种羊都具有良好的生长效果。

（2）棉籽饼　粗蛋白含量仅次于豆饼，赖氨酸缺乏，但蛋氨酸、色氨酸高于豆饼。棉籽饼含有棉酚，应和其他蛋白质饲料搭配使用，或脱毒后使用。羔羊、生产母羊更应少喂。

（3）葵籽饼　粗蛋白质含量28%，低于棉籽饼和黄豆饼，粗纤维含量20%，葵籽饼适口性好，是优质蛋白质饲料。

3. 饲喂注意事项

一般将能量饲料与蛋白质饲料配合成混合精料饲喂，每日分2次或3次饲喂。妊娠后期和泌乳期母羊精料占日粮的30%，妊娠前期、空怀期占10%～15%。需要增加精料饲喂量时，要有5～6d过渡期，逐渐增加喂量。

二、日粮配合

1. 科学性原则

（1）满足羊的营养需要，配制饲料必须以不同的品种、性别、年龄、生理状态和生产水平的营养需要或饲养标准为依据，结合饲料的营养特点和营养价值，配置能量、蛋白质和各种营养物质平衡的日粮。

（2）饲料原料的多样性，饲料原料种类要多一些，饲料间营养物质可互相补充，达到营养平衡，提高饲料的利用率和饲养效果。

（3）适口性，适口性不好，影响采食，就难以满足营养需要，达不到饲养效果。适口性差的饲料应进行适当加工调制，提高适口性。还应注意饲料的容积和羊的消化特点相适应。饲粮的体积过大，营养浓度低，虽有饱感，但摄入的营养物质不足；体积过小，即使能满足羊的营养需要，但羊处于半饱状态，有饥饿感，对羊的生长发育和生产性能都会产生一定的影响。

（4）安全性，饲料的安全性关系到羊本身的安全和健康，同时影响人的卫生安全和环境安全。饲粮要求对羊本身无毒害作用，添加物在羊体和羊产品中的残留量应符合国家有关规定。配制饲料时，饲料原料不能使用发霉、变质、有污染的饲料，添加剂应按规定量添加，遵守药物添加剂的停药期规定，国家明文禁止使用的药物和化学用品不能使用。

2. 经济性原则

饲料占饲养成本的 70% 左右，在保证营养需要的前提下，降低饲料成本，可以显著地提高养羊的经济效益。

（1）因地制宜，充分利用当地的饲草料：根据当地自然条件和饲草料资源，如把刈割的牧草或农作物秸秆、各类树叶、叶菜类调制成干草或青贮；也可以采取农田复耕套种的方法种植豆科和禾本科牧草。精饲料尽量使用当地生产的原料，如玉米、麦麸、棉饼、酒糟、西红柿酱渣、豆腐渣等。

（2）做好采购计划：采购前根据需要计划好采购的饲料种类和数量，确定适宜的采购时间可有效降低采购成本。最好与当地种植户年初签订饲草料种植合同，采购当地的饲草料以节约运输成本。

（3）做好饲料的保管：饲料的贮存要选择干燥、阴凉、通风良好的地方，配制饲料不宜贮存过久，防止饲料营养成分的损失。在夏季要防止饲料发霉变质，冬季和雨季要检查饲料库房是否破损和漏雨。饲料库要做好防鼠、防鸟，如使用窗户纱网、灭鼠药、捕鼠器等，防止饲料的浪费和污染。

第四节　TMR 应用

TMR 是英文 Total Mixed Rations（全混合日粮）的缩写，是根据饲料配方，将各原料成分均匀混合而成的营养浓度均衡的日粮。即利用 TMR 搅拌机（车）将各种饲草料进行计量、充分切碎、混合、搅拌、揉搓混合和饲喂的一种先进的饲养工艺。通过改变饲草的长度、硬度，提高适口性，增加采食量，减少饲草料的浪费，以提高牲畜生长速度和畜产品产量。

一、建设 TMR 搅拌站

（一）选址

地势平坦，开阔，便于堆放、装卸、存储饲料。混凝土地坪面积 5m×15m，厚度 10cm 以上。

（二）TMR 搅拌车分类

TMR 搅拌车按动力形式可分为固定式、牵引式、自走式 3 种。

固定式搅拌车固定在配料齐全的饲料库中，通过 PTO 传动轴连接，以相匹配的电机提供动力。牵引式搅拌车以拖拉机提供动力，在饲料原料库装填原料，将加工好的 TMR 日粮直接投放。自走式搅拌车自带动力系统，自行在原料库装填原料，自动撒料饲喂。

按工作形式可分为立式和卧式搅拌车两种。立式搅拌车的箱体为圆桶状，搅龙为垂直圆锥状。卧式搅拌车箱体为长方形，搅龙为水平方向。

二、TMR 技术流程与规范

（一）工作流程

饲草料（精料、青贮、苜蓿、棉壳等）→搅拌站→输送带→TMR 技术→装车拉运→饲喂

（二）TMR 技术要求（TMR 日粮的制作）

1. 基本原则

遵循先干后湿，先长后短，先硬后软先精后粗，先轻后重的原则依次进入 TMR 机进行加工调制。

2. 添加顺序

精料→干草→粗饲料→全棉籽→青贮→湿糟类等。

3. 搅拌时间

根据饲草的加工效果确定，但不能少于 40min。以手感柔软、混合均匀、长度小于 3cm 为宜。一般最后一种饲料加入后搅拌 5～8min 即可。

4. 加工量

为保证饲草料的新鲜度、适口性和营养成分不流失，草料的加工量以满足当天需要为标准。

5. 效果评价

从感官上，搅拌效果好的 TMR 日粮精粗饲料混合均匀，松散不分离，色泽均匀，新鲜不发热、无异味，不结块。水分控制在 45%～55%。

三、TMR 饲喂方式的优点

（一）提高饲草料的利用率，降低了饲料成本

由于采用 TMR 饲喂方式后饲草料经过加工，混合均匀，长度变短，硬度变小，适口性增加，羊无法挑食，增加干物质采食量，提高饲料转化效率。饲草料利用率达到 95%，比传统饲喂方式提高 5% 以上。充分利用农副产品和一些适口

性差的饲料原料，降低饲料成本。

（二）防止消化系统疾病

TMR 日粮使瘤胃微生物同时得到蛋白、能量、纤维等均衡的营养，加速瘤胃微生物的繁殖，提高菌体蛋白的合成效率。有效控制羊瘤胃内环境和 pH 值，促进瘤胃微生物的生长、繁殖，改善瘤胃机能，防止消化障碍。

（三）提高了工作效率

TMR 的机械化、自动化功能，替代了大部分的相关劳动力，减少了饲草料配合中产生的人为误差，减少饲养的随意性，简化饲喂程序，使管理的精准程度大大提高。实行分群管理，便于机械饲喂，有效提高了工作效率，降低劳动力成本。

四、使用 TMR 机注意事项

1. 根据使用说明，掌握适宜的搅拌量，一般装载量占总容积的 70%～80% 为宜，否则影响搅拌效果。

2. 严格按照日粮配方，保证各组分精确给量，定期校正计量控制器。

3. 根据青贮及各类饲料的含水量，控制 TMR 日粮水分。

4. 防止铁器、石块等杂质混入搅拌车，造成损伤。

据新疆西部牧业股份有限公司紫泥泉种羊场应用 TMR 技术后显示，青贮、苜蓿利用率提高 10%，棉壳提高 5%，改善了母羊的营养状况，增强了羔羊的免疫力，提高了羔羊的成活率。

TMR 饲喂技术可避免牲畜挑食和营养失衡；提高增重和饲料转化率；降低饲喂成本，减少浪费；减少工人数量和劳动强度；可实现分群管理，提高劳动生产率，降低管理成本。TMR 技术的应用对提高养羊业的生产管理水平具有重要的推动作用。

第五节 NPN 应用

随着畜牧业的快速发展，蛋白质饲料资源不足已成为制约我国畜牧业发展的重要因素之一。合理利用 NPN，是开辟蛋白质饲料来源的重要途径。目前，用于反刍动物的非蛋白质含氮化合物（NPN）饲料种类很多，除了尿素，还有碳酸氢铵、缩二脲、乙酸铵、乳酸铵、谷胺酰胺和蜜胺等。因具有成本低、来源广、粗蛋白含量高、饲喂程序简便等优点，目前，在养羊生产中大量使用，以达到节约蛋白饲料资源，降低饲料成本和提高养羊生产效率的目的。

反刍动物的瘤胃微生物可将非蛋白质含氮化合物（NPN）转化为微生物蛋白质。尿素等 NPN 可以由工厂生产，成本低，含氮量高，广泛应用就可以节约其他动植物蛋白质饲料。尿素的含氮量为 40%～42%，而棉饼和豆饼含粗蛋白为 40%～45%，1kg 尿素含氮量相当于 5～6kg 饼粕类饲料；1kg 尿素或 1kg 缩二脲加 7kg 玉米，相当于 8kg 豆饼所含的能量与粗蛋白。

一、羊对非蛋白氮利用的特点

羊之所以能利用非蛋白氮，主要依靠瘤胃微生物。日粮中的含氮物被瘤胃微生物发酵而生成氨，再经微生物作氮源合成微生物蛋白。微生物蛋白到达消化道被消化吸收，给羊提供蛋白质和氨基酸。瘤胃中未被微生物利用的氨可由瘤胃壁部分直接吸收，在体内进行氮素循环。因此，日粮中非蛋白氮分解过快，吸收也加快，会造成羊的氨中毒。

瘤胃中微生物所分泌的尿素酶活性很强，故尿素进入瘤胃后被分解得很快。在 pH 值为 7～8.5 时，尿素酶活性最强。为了降低尿素在瘤胃中的分解速度，现已开发了尿素缓释颗粒饲料，除了糊化淀粉尿素外，还有一种桐油亚麻籽滑石粉包裹的颗粒饲料。据报道，当饲料中尿素含量大于 2% 时，就会降低羊的采食量，添加尿素影响采食量的主要原因是氨浓度的生理反应造成的。此外，羊对尿素适应期为 3～5 周，在这个时期内羊的采食量小。

缩二脲在瘤胃中溶解度低于尿素，用来饲喂羊无中毒危险，但被微生物同化也慢于尿素。幼龄羊对缩二脲的适应期为 59d。

非蛋白氮用于羊的维持、生长、产奶等方面，一般情况下是无不良影响的，不会影响到母羊的繁殖性能和胎儿的生长发育。从许多饲喂试验看，饲喂非蛋白氮后，羊在最初阶段的饲喂效果不显著，到后期才能与饲喂植物蛋白的效果相同。所以为了更好利用非蛋白氮，必须掌握正确的饲喂时期和方法。

二、低蛋白粗饲料日粮补加非蛋白氮的方法

在生产中常遇到的是给羊饲喂低质干草或单纯饲喂秸秆时，羊冬季严重掉膘，生产性能下降。在这种情况下添加非蛋白氮，会收到好的效果。

1. 用于维持性饲养

尿素和缩二脲可用于羊的补饲，尤其在冬季以秸秆为主要饲草或放牧羊的牧草质量差时，需要补饲尿素或缩二脲。缩二脲的补饲效果与棉籽饼效果相同，对幼龄羊效果优于尿素。

2. 用于增重

对于生长育肥羊，日粮能量高但蛋白质低于 9%，缩二脲可作为蛋白质补充

料使用，其效果与补饲植物蛋白质料相同。

3. 用于产奶羊

绵羊饲喂含缩二脲的日粮，对产奶量、奶成分和血液及生理健康均无不良影响，可以将非蛋白氮作为产奶羊的唯一氮源。

4. 固体非蛋白氮混合饲料的补饲方法

对于山区放牧的羊，可使用下列配方制成的混合饲料自由采食，缩二脲30%～35%、磷酸二氢钙12%～14%、食盐5%、硫和其他矿物质微量元素1%，以及适量 V_A，其余为苜蓿粉，玉米粉和糖蜜。

5. 液体非蛋白氮补饲方法

常用液体饲料的载体是糖蜜。将尿素、缩二脲等非蛋白氮、维生素和矿物质与糖蜜充分混合，制成液体饲料。糖蜜尿素液体补料的效能优于补植物性蛋白饲料，糖蜜缩二脲效果优于糖蜜尿素。由于缩二脲溶解度差，用前必须充分研磨。

6. 非蛋白氮青贮

青贮中加入非蛋白氮比较方便。羔羊育肥，缩二脲青贮饲料比尿素青贮料效果好，缩二脲不影响青贮发酵过程。

三、防止尿素中毒

尿素的用量一般不超过日粮干物质重量的0.5%～1%，混合在饲料中饲喂较安全。

在不同饲养条件下，造成尿素中毒的剂量不一致。当精料喂量多，并与尿素混合均匀，羊对尿素具有较高的耐受能力。尿素占精料的3%时，很少发生中毒。以干草为主的日粮，羊对尿素的耐受力较低。造成尿素中毒常常是一次集中喂给或在饲料中拌的不均匀，尿素饮水饮喂，或以尿素作舔剂等情况，血氨浓度一旦超过1mg，均有可能引起羊的尿素中毒。

尿素中毒后，瘤胃迟缓，反刍次数减少或停止、逐渐烦躁不安、呆滞，继而肌肉、皮肤战栗、抽搐、过度流涎，排尿、排粪频繁，呼吸急促、困难；运动失调，四肢疆直，心律不齐。中毒后期，遇有噪音或金属碰撞声，常引起肌肉的强直收缩，直至死亡。

发生中毒后，及时静脉注射10%葡萄糖酸钙，羊30～50ml，或硫代硫酸钠5～10ml，以及5%碳酸氢钠溶液，同时使用强心利尿药物，如咖啡因，安钠咖等。也可灌服2%乙酸溶液或20%醋酸钠溶液和20%葡萄糖等溶液200～400ml治疗。

四、尿素饲喂注意事项

1. 尿素与精料混合饲喂或制作尿素青贮饲料一定要混合均匀，饲喂时必须按规定量饲喂。

2. 开始饲喂含尿素饲料时，要有 7 ~ 10d 的适应期。羊适应了采食含尿素的饲料后，不要随意改变饲料配方、饲喂量和饲喂方法。

3. 饲喂含尿素饲料的同时要供给足够的谷实类饲料，还要补充矿物质添加剂。但不能喂生大豆和其他豆类籽实，需要饲喂时应先焙炒或蒸煮加工。

4. 含尿素饲料不能饲喂饥饿羊只，不能饮含尿素的水，应在饲喂含尿素饲料后 1h 后饮水。

第六节　种公羊的饲养管理

俗话说，"母羊好，好一窝，公羊好，好一坡"。种公羊数量少，种用价值高，对提高羊群的生产性能具有重要作用。

一、管理要求

种公羊的饲养应常年保持结实健壮的体质，达到中等以上种用体况，并具有旺盛的性欲，良好的配种能力和精液品质。要达到这个目的，首先，必须保证饲料的多样性，尽可能保证青绿多汁饲料全年均衡地供给，在枯草期较长的地区，应准备充足的青贮饲料。同时，注意补充矿物质和维生素。第二，即使在非配种期，也不能单一饲喂粗料，必须补饲一定的混合精料。第三，必须有适度的放牧和运动时间，防止过肥影响配种。

种公羊圈舍要宽敞、坚固、通风良好、清洁干燥。平时一定要将种公羊和母羊分群饲养，专人管理。夏季天气炎热时应给公羊创造凉爽的环境条件，需要时可提前剪毛。日粮应注意补钙，钙∶磷比不低于 2.25∶1，防止尿结石。

公羊的采精次数应根据种羊的年龄、体况和种用价值确定。一般每天不超过 3 次，连续采精时，间隔时间应在 0.5h 以上。

二、非配种期的饲养管理要点

非配种期的前期以恢复种用体况为重点，因为配种结束后种羊的体况都有不同程度的下降。体况恢复后，再逐渐转为非配种期日粮。在冬季，混合精料的用量不低于 0.5kg，优质干草 2 ~ 3kg。

配种前 1～1.5 个月应逐渐增加精饲料喂量，标准为配种期的 60%～70%，逐渐增加到配种期的饲养标准。每只每日饲喂混合精料 0.7～1.0kg，干草 1～2kg，胡萝卜 0.5kg，鸡蛋 1 枚，食盐 10g，磷酸氢钙 10g，日喂 3 次，自由饮水，每天运动时间 2h。对公羊进行采精调教，有间隔的采精 10～15 次。

采用高效繁殖生产新体系，公羊的利用率也将提高。因此，种公羊的全年均衡饲养十分重要。配种前的公羊体重比进入配种期时要高 10%～15%。

三、配种期的管理要点

种公羊在配种期消耗营养和体力很大，日粮要求营养丰富全面，容积小且多样化、易消化、适口性好，特别要求蛋白、维生素和矿物质的充分满足。根据公羊的体况和精液品质及时调整日粮或增加运动量。在配种期，体重 80～90kg 的种公羊每日需饲喂：混合精料 1.2～1.4kg，苜蓿干草或其他优质干草 2kg，胡萝卜 0.5～1.5kg，鸡蛋 2 枚，食盐 15～20g，骨粉 5～10g，血粉或鱼粉 5g。每日的饲草分 2～3 次供给，充足饮水。过肥多是由于能量摄入过多或运动量不足引起的，会降低种公羊配种能力和精液品质。

配种期应防止种公羊相互顶撞角斗，对造成的外伤要及时处理。每天运动 4h，运动时应远离母羊群，禁止合群。

第七节　母羊的饲养管理

一、空怀期

指羔羊断奶后到配种前。空怀期母羊的饲养目标是抓膘复壮，对体况差的羊适当补饲，尤其是在配种前 3～4 周进行催情补饲，可以促进母羊发情整齐，提高受胎率，据报道配种期每增重 1kg，双羔率可提高 2%。舍饲圈养的绵羊（体重 60kg）每日饲喂干草 1kg，玉米青贮 2kg，混合精料 0.45kg，磷酸氢钙 15g，食盐 10g，添加剂 5g。

二、妊娠期

（一）妊娠前期（受胎后 3 个月）

妊娠前期的 3 个月因胎儿发育较缓慢，营养需要与空怀期大致相同，但应补喂一定量的优质蛋白质饲料，以满足胎儿生长发育和组织器官对蛋白质的需要。初配母羊此阶段的营养水平应略高于成年母羊，精料比例为 5-10%。管理上避免饲喂冰冻、霉变的饲草料，不受惊吓，以防发生早期流产。

（二）妊娠后期（受胎后2个月）

在妊娠后期的2个月中，胎儿生长发育很快，90%的初生重是在此期形成的。应供给母羊充足的营养物质，否则母羊的体况差，泌乳少，羔羊初生重小，体质弱，成活率低。妊娠后期，因母羊腹腔容积有限，对饲料干物质的采食量相对减少，饲喂饲料体积过大或水分含量过高的日粮均不能满足其营养需要。因此，对妊娠后期母羊而言，除提高日粮的营养水平外，还应考虑日粮中的饲料种类，增加精料的比例。在妊娠前期的基础上，后期的能量和可消化蛋白质应分别提高20%~30%和40%~60%，钙：磷比增加1~2倍（钙：磷为2.25：1）。产前8周，日粮的精料比例提高至20%，6周为25%~30%，产前1周，适当减少精料比例，以免胎儿体重过大造成难产。

妊娠后期的母羊管理，应围绕保胎考虑，做到细心、周到。进出圈舍，放牧或饲喂时要控制羊群，避免拥挤或急速驱赶；饮水温度应在10℃以上。每日补饲干草1~1.5kg，青贮1.5kg，混合精料0.45kg，食盐和骨粉各15g。禁止饲喂冰冻、霉变的饲草料，增加舍外运动时间。工厂化管理时，应将妊娠后期的母羊从大群中分出，另组一群。产前一周，夜间应将母羊放入待产圈中饲养和护理。

三、哺乳期

采用以舍饲为主的饲养方式，有利于羔羊哺乳和母羊体况的恢复，根据产羔时间、哺育单双羔及母羊体况分群管理。

（一）哺乳前期（产后2个月）

母乳是羔羊营养的主要来源，产羔后，母羊泌乳量逐渐上升，在4~6周内达到高峰，10周后逐渐下降。母羊的日平均泌乳量为1.2~1.5kg，泌乳全期60%的泌乳量在产后2个月内，为满足羔羊生长发育对养分的需要，应根据带羔的多少和泌乳量的高低，加强母羊的补饲。每天补喂混合饲料0.3~0.5kg，带双羔或多羔的母羊，每天补饲0.6~0.8kg。对膘情况好的母羊，产羔的1~3d内不补饲精料，以免造成消化不良或发生乳房炎。为调节母羊的消化机能，促进恶露排出，可喂少量轻泻性饲料，如在温水中加入少量麸皮。产羔3d后，给母羊喂一些优质青干草和青贮多汁饲料，可促进母羊的泌乳机能。

（二）哺乳后期（产后3~4个月）

哺乳后期的2个月，母羊泌乳量开始下降，即使再加强补饲，也很难维持哺乳前期的水平。此时羔羊单靠母乳已不能满足其生长需要，这个时期羔羊的胃肠道功能已趋完善，可以利用饲草料，对母乳的依赖性减少。因此，羔羊采取早期培育、早期断奶措施，以利于母羊的体力恢复及早配种。在工厂化高效养羊生产体系中，羔羊早期断奶和母羊的产后早期配种是提高母羊繁殖频率的重要基础。

第八节　羔羊的饲养管理

一、产羔前的准备

预产期推算是配种月减 7 日减 2。管理人员产羔前做好饲草料、产房和药品用具的准备。产房温度保持在 5～10℃，每天对产房进行一次清扫和消毒。羔羊圈地面用干草、干羊粪和锯末等垫料。

二、早吃、吃足初乳，吃好常乳

羔羊出生后接产人员应做好断脐并消毒，剪去母羊乳房周围的毛并用高锰酸钾溶液温水清洗消毒乳房，挤去一把初乳，保持泌乳通畅。羔羊产后 30min 内完成第一次哺乳。10d 以内母仔同圈，每天 4～5 次定时哺乳。对哺乳量不足的羔羊和双胎羔羊进行人工哺乳，定时、定量、定温。保姆羊应选营养状况好、奶多的单羔或失去羔羊的、产羔时间接近的母羊。

三、尽早训练，抓好补饲

羔羊生后 7d 开始训练吃草、吃料。用胡萝卜丝拌精料或羔羊代乳料诱导采食，同时优质苜蓿干草自由采食，由少到多，循序渐进，避免采食过量，消化不良引起腹泻。管理上要保证环境优化，避免忽冷忽热、潮湿肮脏。要注意矿物质的补充如使用舔食砖。

推荐全精料直线育肥颗粒料饲喂量 [g/（只·d）]。

7～10d：自由采食；20d：11～15g；30d：40～50g；40d：150g；50d：300g；60d：450g。

四、强化饲养，提早断奶

随着羔羊采食量的逐渐加大，羔羊哺乳次数逐渐减少，直到 60～80d，体格健壮，采食正常，体重 20kg 以上即可断奶。羔羊发育如整齐一致，可一次性断奶；如羔羊大小差别大，采用分批断奶法。即强壮的羔羊先断奶，瘦弱羔羊继续哺乳，断奶时间适当延长。

第九节　育成羊的饲养管理

育成羊指羔羊断奶后到第一次配种的羊只。断奶后 3 ~ 4 个月，生长发育快，增重强度大，对饲养条件要求高。8 月龄后，羊生长发育强度逐渐下降。

育成羊身体各系统、组织处在快速生长发育阶段。在生产实践中，普遍存在对育成羊饲养重视不够，特别是在冬春季节，如果这个阶段饲养管理跟不上，会影响其生长发育，出现发育受阻，形成体型小、四肢高、胸窄的体型，同时体重轻，体质弱，性成熟和体成熟推迟，不能按时配种，影响其生产性能的发挥。

羔羊断奶后生长发育快，瘤胃容积有限且机能不完善，对粗饲料的利用能力较差。因此，此时期羊的日粮应单独组群，以精料为主，并补给优质干草和青绿多汁饲料，特别是在冬春季枯草期，饲草营养价值低，气温低，能量消耗大，更需补饲，精饲料占日粮比例35% ~ 45%，日粮的粗纤维含量不超过15% ~ 20%。注意对育成羊矿物质、维生素的补充。

第十节　生产管理技术

一、羊的驾驭

（一）抓羊

正确的抓羊方法是趁羊不备时，迅速伸手抓住羊的后腿飞节上部或后胁。抓其他部位都会对羊造成伤害，特别是羊的被毛。

（二）保定

常用的方法是把羊抓住后，用两腿夹住羊的颈部或人站在羊的一侧，一手抓住羊的下颌，一手抓住臀部，羊靠在保定人的腿部。

（三）导羊

人站在羊的左侧，右手抓住羊的右后肢并举起向前推，使羊的后肢不着地，左手抓住羊颈掌握方向。

（四）倒羊

站在羊的左侧，左臂由颈下夹住羊颈，右手由腹下握住对侧右后肢下部，用力向前里侧拉，同时左手使羊颈向后侧压，羊即卧倒。

二、年龄识别

在日常管理工作和外出购羊中，经常要识别羊的年龄，以便对羊进行淘汰、整群。

（一）牙齿的生长和分布

羊的年龄主要根据门齿的更换和磨损来判断。1岁前羊的牙为乳牙共20颗，乳牙较小，颜色较白。1~1.5岁后乳牙开始依次脱落长出永久齿共32颗，永久齿较大，颜色略发黄。羊没有上门齿，只有下门齿8颗。臼齿24颗，分别长在上下四边牙床上。中间的一对门齿为切齿，切齿两边的两个门齿为内中间齿，内中间齿外面的两颗为外中间齿，最里面的为齲齿。

（二）年龄的识别

1~1.5岁乳齿的切齿脱落长出永久齿称为"二齿"；2~2.5岁时内中间乳齿脱落换成永久齿称为"四齿"；3~3.5岁时外中间乳齿脱落换成永久齿称为"六齿"；4~4.5岁时乳齲齿换成永久齿，这时全部门齿都已更换整齐，称为"满口"；5岁时由于牙齿磨损，牙上部由尖变平；6岁时齿龈凹陷门齿变短；7岁时齿间出现缝隙，门齿变短，牙齿有脱落现象。

三、编号

编号便于识别羊只和选种选配，常用的方法有耳标法、耳缺法、墨刺法和烙角法。

（一）耳标法

用金属耳标或塑料耳标在羊耳的适当部位打孔、安装。耳标上打上年号、个体号。取出生年份的后两位数做年号；根据羊群数量大小，取三位或四位数；尾数单号代表公羊，双数代表母羊。

金属耳标在使用前统一打好后佩戴，塑料耳标用专用书写笔写上耳号。将有字码的一面戴在耳郭内侧，以免摩擦造成字迹模糊。佩戴耳标时要选择耳上缘血管较少处打孔，打孔前用碘酒消毒，特别是在夏季天气炎热时更应如此，可防止蚊虫叮咬、消炎，防止耳标脱落。发现耳标脱落或字迹模糊要及时补上。

（二）耳缺法

用耳部缺口的位置、数量对羊编号。一般遵循上大、下小、左大、右小的原则。编号时尽可能减少缺口数量，缺口间界限明显。打耳缺时对缺口仔细消毒，防止感染。

（三）墨刺法

把字码放入专用墨刺钳内，用小刷在字码上蘸浓墨汁把字码打在耳槽内

（无血管、无毛的部位），用力压紧墨刺钳，取下后最好用手指在刺字部位揉搓，使墨汁进入针孔内。这种方法简便易行、经济，无掉号的现象。但常常字迹模糊，如与耳标法结合使用效果更好。

（四）烙角法

保定好羊，将特制的 10 个字号的钢字烧红，把字码烙在角上。羔羊应先带耳标，到 1 ~ 1.5 岁时烙角号。烙角法主要用于有角的公羊。

四、断尾

羔羊断尾是为了避免粪尿污染后躯羊毛，防止夏季苍蝇在母羊外阴部下蛆而感染疾病，便于母羊配种。断尾一般在羔羊出生后 1 周进行，体质较弱的羔羊可适当延迟。断尾应选择晴天早上进行，以便有较长的时间观察断尾后的情况，发现问题及时处理。羔羊断尾有热断法和结扎法。

（一）热断法

就是用一把厚 0.5cm 的铁铲，把它烧成暗红色，在距尾根部 4 ~ 5cm 处约在第三至第四尾椎骨之间，边切边烙，切忌太快，这样还有消毒作用。断尾时两人操作，一人保定羊，另一人持铁铲，紧密配合。断尾后如仍出血，可用热铲点烫出血处止血，然后用碘酒消毒。

（二）结扎法

就是用胶筋在距尾根第三至第四尾椎之间扎紧，10d 左右尾巴自然脱落。胶筋可选择专用断尾胶筋或把旧自行车内胎剪成细条即可。断尾时把扎胶筋部位的毛剪去，用碘酊消毒，这种方法不会出血，避免了感染，是值得推广的好方法。

五、去角

为了防止羊只争斗，造成身体伤害，甚至流产，对 10d 左右的羔羊去角（留种公羊一般不去角）。去角前，必须通过观察和触摸确定羔羊是否有角。如有角，角蕾部的毛呈旋涡状，手摸时有硬而尖的突起。

1. 腐蚀法

也叫化学去角法，即用棒状苛性碱（氢氧化钠）在角基部摩擦，破坏其皮肤和角原组织。术前在角基部周围涂抹医用凡士林，防止碱液损伤其他部位的皮肤。操作时前重后轻，将表皮擦至有血液浸出即可，摩擦面积要稍大于角基部。去角后给伤口撒上少量的消炎粉。

2. 烧烙法

将烙铁烧至暗红（也可用 300W 左右的电烙铁），对羔羊的角基部进行烧烙，烧烙的次数可多些，但每次烧烙的时间不宜超过 10s，当表层皮肤破坏并伤及角原组织后即可结束，对术部进行消毒。

六、去势

也叫阉割，去势后的羊称为羯羊。公羔去势后，性情温顺，便于管理，容易育肥，提高羊肉品质，减少膻味。不留做种羊的公羊多在 3～4 月龄去势，当年出栏的公羔（6～8 月龄）可不去势。去势应选择晴天上午进行，以便于观察、处理有关情况。天气不好、体弱羔羊可推迟去势时间。去势的方法有阉割法和结扎法。

（一）阉割法

一人将羔羊的两后肢提起，并使其腹部向外，将阴囊外部的毛剪掉，并在阴囊下 1/3 处消毒，然后用消毒好的手术刀将阴囊下方与阴囊中隔平行处两侧各切 2cm 切口，挤出睾丸，扯断精索，切口涂上碘酒和消炎粉。刚去势的羔羊舍要清洁干燥，防止感染。勤观察，发现问题及时处理。

（二）结扎法

结扎时，术者左手握紧阴囊基部，右手撑开橡皮圈将阴囊套入，反复扎紧以阻断下部的血液流通，10～15d 阴囊连同睾丸自然脱落。结扎后要防止胶圈断裂或结扎部位发炎、感染。如发生感染应及时去掉橡皮圈并处理伤口，等结扎部位完全恢复后再结扎。

七、剪毛

（一）剪毛的准备工作

1. 剪毛时间和次数

主要决定于当地的气候和羊只膘情。春季细毛羊一般在 5～6 月进行一次性剪毛，以气候趋于稳定为适宜剪毛时间。一般平原比山区早些，农区比牧区早些。过早剪毛羊的体况还没有得到恢复，膘情差，天气不稳定，羊容易感冒，且羊毛油汗少，影响羊毛质量；过晚剪毛由于气温高阻碍羊体热散发，影响抓膘，同时羊毛自行脱落造成经济损失。

2. 场所及用具

剪毛前对剪毛场地进行清扫和消毒，要求干净、宽敞和干燥。最好为水泥地面或砖地面，露天场所地面应铺帆布、木板等，防止杂草和粪土等混入羊毛内。用具有剪毛器具、秤、口袋、标记涂料、药品等。

3. 羊只的准备

剪毛前 12h 停止放牧，减少饮水和饲喂，以免剪毛时粪便污染羊毛和发生剪伤事故。如果被雨淋湿了羊只，要等羊毛干了后再剪。剪毛前把羊群赶到狭小的圈内拥挤"发汗"，剪毛效果会更好。

4. 剪毛次序

安排好剪毛次序，按试情羊、幼龄羊、母羊、种公羊的顺序剪毛。有利于剪毛工人熟练和提高剪毛技术。患体外寄生虫病的羊最后剪，以免传染疾病。

（二）剪毛方法

有手工剪毛和机械剪毛两种方法。

1. 机械剪毛

是利用电动机械剪毛的一项先进技术，具有效率高、成本低、易操作、损失小等特点。机械剪毛适宜在规模较大的羊场使用。

首先将羊只左侧横卧在剪毛台上，剪手靠在羊背上，用膝盖轻压羊体肩部和臀部，从右后肋部开始，由后向前剪掉腹部、胸部和右侧前后肢的羊毛。再翻动羊体使其右侧卧，剪手用右手提起羊左后腿，从左后腿内侧到外侧。再从左后腿外侧臀部，背部直至颈部，纵向长距离剪去羊体左侧羊毛。然后使羊立起，靠在剪手两腿间，从头颈向下，横向剪去右侧颈部及右肩部羊毛。再用两腿夹住羊头，使羊右侧突出，在横向向下剪去右侧被毛，最后检查全身剪去遗留的羊毛。

2. 手工剪毛

一般是卧倒剪毛。把羊的两前肢与右后肢紧紧捆住。使羊左侧卧在地面上，背部朝向剪手。剪毛时先从大腿内侧部开始，剪好前后腿，然后从后向前把右腹部和胸部的毛剪去，再把羊翻转过来，腹部朝向剪手，剪右侧的毛，最后剪头部、颈部右侧，抬起头来再剪颈部左侧的羊毛。

（三）剪毛注意事项

剪毛动作要快，时间不宜太长。剪毛应均匀地贴近皮肤，将羊毛一次剪下成套，留茬不超过 0.5cm，不要重剪。剪皮肤皱褶部位的毛时，应把皮肤展开，避免剪伤。如剪破皮肤，要及时消毒、缝合。翻动羊时动作要轻，发现羊腹部膨胀、呼吸异常应立即停剪，使羊站立起来，带正常后再继续剪毛。剪公羊时应注意不要剪伤睾丸和精索，剪母羊时不要剪掉乳头。

（四）剪毛后羊的护理

剪毛后不能立即到牧草丰盛的草场放牧或圈舍饱饲，以免羊因饥饿过食引起消化道疾病。剪毛后 1 周左右不要远牧，以防下雨感冒。不要在强烈日下放牧，以防灼伤羊的皮肤。剪毛后 10d 左右羊毛已长出，即可药浴。

八、修蹄

长期不修蹄，蹄尖上卷，蹄壁裂折，引起蹄病甚至肢变形，影响行走和采食。公羊严重者因运动困难影响精液品质，甚至失去种用价值。绵羊一般在剪毛后和入冬前要进行修蹄，舍饲的羊因运动少每 2～3 个月要修蹄一次。

修蹄在雨后进行，这时蹄质软，易修剪。用修蹄刀或果树剪将过长的蹄尖剪掉，然后将蹄底的边缘修整的和蹄底一样平齐。蹄底修到可见浅红色的血管为止。修蹄时如有轻微出血可用碘酒处理；若出血较多，可用烧红的烙铁烧烙出血部位止血，注意不要引起烫伤。平时如发现蹄趾间、蹄底或蹄冠红肿，跛行甚至分泌黏液，应及时治疗。可用 10% 硫酸铜溶液或甲醛溶液洗蹄 1～2min，或 2% 来苏尔洗净蹄部并用碘酒涂抹。

九、药浴

药浴一般 1 年进行 2 次药浴。分别在剪毛后（5～6 月）和秋季（9～10 月）。可用 1kg 螨净 250 乳化剂加水 1 000kg。水温度为 60～70℃，药液温度为 20～30℃。

（一）药浴方法

1. 池浴法

池浴在专门建造的药浴池进行，药浴池似一狭长而深的水沟，用水泥建造。入口处设有羊栏，一端是陡坡，出口端建成台阶便于羊只攀登，在羊栏内的滴流台停留一段时间，使羊身上的多余药液流回池内。是目前普遍采取的药浴方法。

2. 淋浴法

以 9AL-8 型药淋装置为例。该药淋装置由机械和建筑组成。机械部分包括上淋管道、下喷管道、喷头、过滤筛、搅拌器、螺旋式阀门、水泵和柴油机等；地面建筑包括淋场、待淋场、滴液栏、药液池和过滤系统等，可使药液回收，过滤后循环使用。淋浴时，用 295 型柴油机或电动机带动水泵，将药液池内的药液送到上、下管道，经喷头对羊喷淋。上淋管道末端设有 6 个喷头，利用水流的反作用使上淋架均匀旋转。圆形淋场直径为 8m，可同时容纳 250～300 只羊淋浴。优点是药浴羊数量大、速度快、省工、安全（图 5 - 2）。

3. 盆浴法

在适当的盆或缸中配好药液后，用人工方法将羊逐只洗浴的方法。适合于小规模养羊户，药浴速度慢、劳动强度大。

（二）药浴注意事项

1. 药浴应在晴朗、无风天气进行。

2. 在药浴前 8h 停止放牧和饲喂，药浴前 2～3h 饮饱水，防止药浴时喝药液。

3. 先选择没有种用价值的羊试浴，如无中毒现象，再按计划组织药浴。健康羊群先药浴，有疥癣的羊群最后药浴。妊娠 2 个月以上的母羊不药浴。牧羊犬等动物应同时药浴。

4. 药液的深度以淹没羊体为原则。工作人员手持浴叉，在浴池旁控制羊前进，并把羊的头部压入浴液内 2~3 次，以防止头部发生疥癣。羊在滴流台停留 5~10min，使羊身上流回药浴池，以节省药液，同时防止药液滴在牧草上使羊中毒。为提高药浴效果，间隔 7~10d 应再药浴一次。

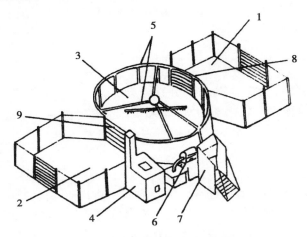

图 5 - 2 淋浴式药淋装置示意图

十、穿衣技术

秋冬季节，舍饲或半舍饲的细毛羊被毛容易受到草屑、标记涂料、粉尘等污染，使被毛净毛率、毛品质下降，降低羊毛的经济价值。细毛羊穿衣后增强了抗寒能力，有效预防某些接触性传染病（如疥癣），更重要的是提高被毛品质。试验表明细毛羊穿衣与不穿衣相比净毛率提高 8%~10%。投入少，效益高，在优质细羊毛生产中具有一定的推广价值。

（一）羊衣材料的选择

使用聚乙烯编织物质量好不易拉丝，面料规格应厚薄适中（150~180g/m²），颜色宜用白色，忌用深色。

（二）羊衣的制作

羊衣有大、中、小三种规格，可视羊的大小选择使用。羊衣取料为长方形，四个边缘上均缝有松紧带，颈部两端用细绳绑活结固定，靠近尾端缝合成镂空状，后肢从此插入达到固定的目的。小号用料 106cm×98cm，中号为 114cm×102cm，大号为 122cm×106cm。

（三）穿衣时间与选择

成年公母羊可全年穿衣，即剪毛后穿上，第二年剪毛时脱去；或半年穿衣，即进入冬季舍饲前穿上，第二年剪毛时脱去。育成羊可半年穿衣。根据羊的生长发育和羊毛生长情况及时更换羊衣，松紧适宜。

（四）注意事项

羊衣面料禁止使用对羊毛造成异形纤维污染的织物（如丙纶丝等）。气温过高时不宜穿羊衣，以防发生中暑。

十一、缺陷毛的产生和预防

缺陷毛也称疵点毛，指在品质上有缺点的羊毛。如草刺毛、干死毛、有色毛、黄残毛、饥饿毛、印染毛等。缺陷毛可以在羊毛生产、收购、分级、包装、储藏及加工等过程中产生，使羊毛的价值降低。因此在羊毛分级中缺陷毛应单独包装，以免降低整批羊毛的综合品质。

（一）草刺毛

指带有植物杂质的羊毛，主要来源于舍饲时落入羊毛中饲料、草屑、垫草，放牧时混入的植物种子、带钩刺的植物，如针茅、刺苍耳、骆驼刺等。主要分布于颈部、背部和体侧。饲喂前先将草料加入饲槽可避免草料等进入羊毛中；在分布长芒羽茅的草场放牧应在抽穗后进行；在生长有钩刺的植物草场放牧时，应有计划地清除这些植物，或在开花前放牧，结籽季节则不要放牧。

（二）干死毛

干毛是羊毛由于受到阳光、风雨等外界因素的侵蚀，毛纤维的油汗受到损失后干枯形成。干毛色泽滞白、缺乏光泽，稍有强力。死毛缺乏光泽、粗硬、颜色灰白、脆弱易断，无弯曲。干死毛不染色，对毛织品质量影响很大。在绵羊品种改良工作中，被毛同质的细毛羊等不能与异质毛的杂种羊、粗毛羊混群饲养，剪毛时不同的羊毛要分别包装和按等级装包。

（三）黄残毛

指被粪尿严重污染、毛质变黄且超过毛长一半的羊毛。主要分布在毛被边缘，如四肢、腹部、臀部、尾部等。圈舍潮湿过脏，或绵羊消化不良，粪便稀湿污染羊毛。防止方法是选址在高燥的地方建圈舍，圈舍保持干燥清洁，或勤换垫草；羔羊要及时断尾；绵羊由舍饲转为放牧时，要逐步过渡，以免消化不良。

（四）饥饿毛

由于营养水平过低，或患病（特别是营养消耗性疾病），使羊毛纤维在某一部分变细、强力变低，形成饥饿痕。如在较短时期缺乏营养或患病，羊毛形成凹陷或断点。绵羊营养不足主要发生在冬春季节，因此饥饿痕主要发生在羊毛的根部。因此应加强冬春季的饲养管理。

（五）印染毛

在管理上为识别羊群或羊只，常在毛被上打上标记。有些养羊户用油漆、废机油等在毛被上打号，在羊毛加工时不易去除，降低了工艺价值。应采用羊专用打号涂料。

第十一节　养殖环境的调控

养殖环境是养羊管理体系中的一个组成部分。主要是羊舍建筑的合理设计，能对冷、热、湿度、光照、羊舍卫生等进行有效控制。处于逆境的羊其生产速度和生产效率都减低，消除环境的极端状态或不利影响将会使羊群免于环境造成的应激，也会使其生产率和繁殖性能大大提高。对羊群所处环境实行有效控制是畜牧科学工作者和生产者提高养羊生产潜力的重要技术手段和工具。在高效养羊生产体系中，环境调控是重要的技术，必须予以高度重视。

羊将饲草料转化为肉、奶、皮和毛等，其转化的速度和效率受包括气候环境在内的许多因素所制约，环境对羊采食速率，维持能量和生产需能有较大影响。

塑料暖棚饲养技术的大力推广和应用，有效地推动了现代畜牧业的发展，有利于北方寒冷地区发展适度规模专业化养羊生产，提高了绵羊的生长速度，饲料转化率和繁殖率都将得到最大限度的发挥，促进了畜牧业的科技进步，也推动了规模化养羊的发展，具有广阔的发展前景。

一、温度

温度是绵羊的主要外界环境因素之一。温度过高绵羊的采食量随之下降，甚至停止采食。据研究，当气温达到 26.7℃，已达到公羊精液品质下降的临界温度。在高温条件下，母羊的受胎和妊娠也受到影响，如在配种后的若干天内易引起胚胎死亡。温度过低，用于维持体温的消耗增加，容易造成绵羊营养不良和掉膘。细毛羊的抓膘温度为 8～22℃，最适宜的抓膘温度为 14～22℃；掉膘极端温度为 -5～25℃。冬季产羔舍内温度应保持在 8℃以上，一般羊舍在 0℃以上。采取暖棚育羔技术可有效提高冬季圈舍的温度。采取羊舍周围植树，运动场设遮阳网，屋顶设隔热层等措施可有效降温。

二、湿度

对细毛羊来说，适合在较为干燥的环境条件生长，空气相对湿度大小直接影响绵羊体热的散发。潮湿的环境有利于微生物的繁衍，绵羊易患疥癣、湿疹和腐蹄病等。在高温、高湿环境中由于散热困难，引起体温升高、皮肤充血、呼吸困难、机能失调等；在低温、高湿条件下易患感冒、关节炎等疾病。细毛羊的适宜相对湿度为 50% ~ 75%，最适宜的相对湿度为 60%。

绵羊生产中防潮要采取综合防治措施。羊舍选址要建在地势高燥的地方，地基和地面设防潮层，及时排除粪尿、污水和勤换垫草，保持舍内空气的流通等。

三、光照

光照对绵羊的生理机能，特别是繁殖机能有重要的调节作用，对育肥也有一定的影响。羊舍要求采光充足，采光系数成年羊 1：15 ~ 25，羔羊 1：15 ~ 20。绵羊是短日照繁殖动物，逐渐缩短光照时间，可以促进绵羊繁殖季节的开始。对于绵羊育肥，适当降低光照强度，可使增重提高 3 ~ 5%，饲料转化率提高 4%。

四、气流

在炎热的夏季，适当提高圈舍内空气流动的速度，有利于降低圈舍温度；即使在冬季舍内仍应保持适当的通风，如圈舍应留有通气孔或采用机械负压纵向通风的方式，有利于将污浊、潮湿的气体排出，明显改善舍内空气质量。

第六章　细毛羊生产设施及设备

第一节　羊场的生产规划及布局

一、场址的选择

选址时必须综合考虑自然环境、社会经济状况、细毛羊的生理和行为习惯、卫生防疫条件、生产流通及组织管理等各种因素及相互关系。也就是要有利于细毛羊的生产、管理和防疫，同时保证当地的生态环境不受影响。

二、羊场的规划

一般分为生产区、管理区、生活区和隔离区。

1. 生产区

包括生产区和生产辅助区。生产区主要包括羊舍、运动场、堆粪场等，各羊舍之间要保持适当距离，以便防疫和防火。生产辅助区包括饲料库、草料棚、饲料加工间、青贮池。生产区和生产辅助区要用围栏或围墙与外界隔离，大门口设立消毒室、更衣室和车辆消毒池等。

2. 管理区

包括办公室、档案资料室、兽医室、化验室等。管理区与生产区应保持50m以上的距离。

3. 生活区

生活区应在羊场上风口和地势较高地段，并与生产区保持100m以上距离。

4. 隔离区

包括兽医诊断室、病羊隔离室。应设在下风口，地势较低处，距离生产区100m以上。隔离区应设有单独通道便于消毒和污染物处理等。

第二节　羊舍建设

一、基本要求

要结合当地气候环境，南方地区要以防暑降温为主，北方地区以保温防寒为主；尽量降低建设成本，经济实用；圈舍的结构要有利于人员出入、饲喂草料、清扫消毒以及防疫；光线充足、空气流通、设计合理、居住舒适；应选择坐北朝南，干燥、排水良好，各类羊舍布局合理（表6-1）。

表6-1　各类羊舍建筑设施标准　　　　　　（单位：m²/只）

羊别		面积	
		圈舍	运动场
种公羊	育成公羊	0.7~1.0	1.4~2.0
	成年公羊（单饲）	4.0~6.0	8.0~12.0
	成年公羊（群饲）	2.0~2.5	4.0~5.0
母羊	生产母羊	1.5~2.0	3.0~4.0
	育成母羊	0.7~0.8	1.4~1.6
	断奶羔羊	0.2~0.3	0.4~0.6
	育肥羊	0.8~1.0	1.6~2.0

二、羊舍整体设计模板

（一）羊舍（每栋建筑面积575m²，运动场1 150m²）

1. 羊舍建筑结构要求

以彩钢为首选方案，同时可以采用砖木结构方案。

2. 羊舍建筑构造及相应技术指标具体要求

（1）钢构苯板式结构　羊舍设计建筑占地宽度10m，长度57.5m。羊舍前墙高度2.5m，后墙高度3m，山墙高点高度4.5m。

（2）砖木构造　羊舍设计建筑占地宽度10m，长度57.5m。羊舍前墙高度2.5m，后墙高度2.5m，山墙高点高度4.5m。

3. 羊舍内部构造及相应技术参数要求：

方案一：

钢构苯板式结构：采用单侧圈栏设计方案，在前墙面设圈栏。圈栏宽7m，留料槽（上口宽30cm，底宽20cm），长11.5m。等距分割成5个圈栏。后墙一面留2.5m宽通道用来作为饲喂添加草料和工作通道。前墙距离地面1.8m出留出90cm×60cm采光用塑钢窗，塑钢窗间距控制在3m一个。每个圈栏朝着运动场方向开门一个，门净高1.8m、宽1.6m，可采用推拉式木门结构设计。屋顶设计为前坡长、后坡短的不对称式结构。后坡宽3m。山墙留通道门一个，门净高2m、宽1.8m。屋顶在最高处每间隔4m预留一通气窗口，窗口尺寸40cm×30cm。也可以采用直径30cm圆筒式通气口设计。通气窗（或通气口）屋顶部分要求设计通道并加盖帽罩。

地面处理方式：通道混凝土。圈栏内用砖铺砌地面硬化。

方案二：

砖木结构：采用双侧圈栏设计方案，依靠前后墙面分别设置圈栏。圈栏宽3.75m，留料槽（上口宽30cm、底宽20cm），长11.5m。等距分割成5个圈栏。中间留2m宽通道用来作为饲喂添加草料和工作通道。前后墙距离地面1.8m出分别留出90cm×60cm采光用塑钢窗，塑钢窗间距为3m一个。每个圈栏朝着运动场方向开门一个，门净高1.8m、宽1.6m，可采用推拉式木门结构设计。山墙留通道门一个，门净高2m、宽1.8m。屋顶可采用钟楼式设计增加采光窗口和通气窗。

地面处理方式：通道采用混凝土硬化地面。圈栏内采用横立砖砌铺硬化地面。

（二）人工授精站设计规范

1. 选址

应选择地域开阔、地势高燥、水源充足、交通便利、距离母羊群较近，未发生过传染病、寄生虫病的场所。在草原牧区，应建在配种期放牧草场的中心地带。

2. 设置

（1）一座配种站一般可配种母羊的数量应控制在2 500～3 000只。

（2）农区羊群分散而不易集中时，可设立中心站，下设输精点，实行集中供精、分散输精。

（3）配种站设置采精室、验精室、输精室各一间，种公羊圈、试情公羊圈、待配母羊圈、已配母羊圈各一个，以及工作室、生活室、贮藏室等附属设施（图6-1）。

3. 建筑质量基本要求

（1）配种站房屋主要采取砖木、砖混结构或彩钢结构，屋顶做严密的防水处理，内墙壁平整光洁，水泥或砖地面便于清扫消毒，屋顶做扣板等处理防止尘土下落。

（2）所有圈舍特别是种公羊圈和试情公羊圈应坚固，种公羊还应设有凉棚和羊舍。

（3）采精室、验精室、输精室清洁干燥、保温、采光良好（采光系数不低于1∶5）。

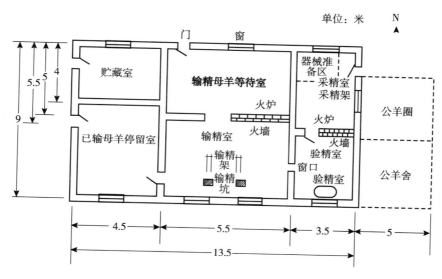

图6-1 配种站平面图

4. 其他

横杠式输精架：取直径7~8cm的圆木（或钢管），长度3~4m，离地面0.6~0.7m，横置固定于输精室内。输精母羊的后胁担在横杠上，前肢着地，后肢悬空，该方法输精简便快捷。

配种站建设标准及建设形式如下所述。

（1）建设场地土质为两类土地，配种站建设采用人工挖沟槽，基础采用C15素砼，基础深40cm，墙面砖高1.5m。

（2）配种站建筑为砖混结构，建在繁育场生产区，配种站建筑设计长13.5m，宽9.0m，高3.0m；设采精室、验精室、输精室、贮藏室、公羊圈、母羊圈等，地面为水泥地面或砖地面。

（3）屋顶应达到防雨、防晒要求，保温性要好。由下至上为楼板、无滴漏塑料薄膜、两层40mm聚苯板错开铺设（或80mm聚苯板防水卡口贴合）（容重不低于18kg/m³）、厚塑料薄膜、SBS防水材料。

（4）墙体做法：室内墙面1.5m高墙面砖，1.5m高以上墙面和屋顶为内墙涂料；外墙为10mm厚1：2水泥砂浆抹面，外刷白色外墙涂料。

（三）青贮窖

有地上式青贮窖、半地上式青贮窖和地下式青贮窖3种（图6-2）。

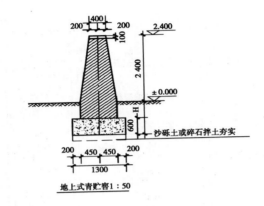

地上式青贮窖1：50

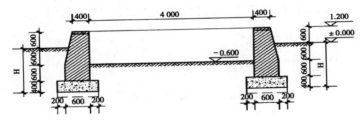

半地上式青贮窖1：50

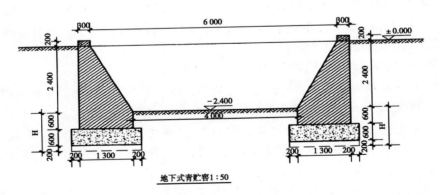

地下式青贮窖1：50

图6-2 3种青贮窖建筑图

池壁不透气、不渗水、具有一定的深度、池壁垂直而光滑。素土夯实、150

厚 C15 混凝土压实赶光、上铺聚氨酯防水涂层 2 遍、60 厚 C25 混凝土地面。墙身做法：1：3 水泥砂浆砌筑片石挡土墙、20 厚 1：3 水泥砂浆找平、聚氨酯防水层 2 层、20 厚 1：3 水泥砂浆保护层、M5.0 水泥砂浆砌 MU10 砖墙、防冻胀土回填 300 厚（图 6－3）。

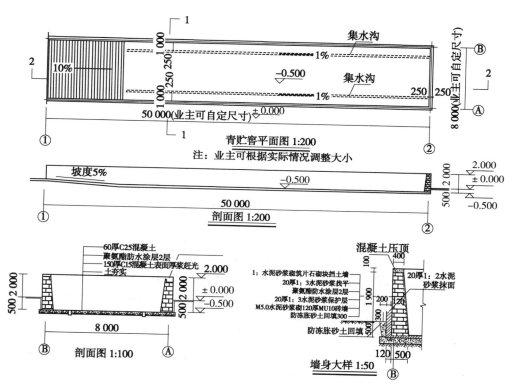

图 6－3　青贮窖平面图

（四）饲草料库

结构形式为砖混结构-轻钢屋架，高出室外自然地平 0.3m。

1. 地面

素土夯实，60 后细石混凝土随打随抹平。

2. 墙面

外墙面 15 厚 1：2 水泥砂浆抹灰，内墙面砖墙 1：1 水泥勾缝。

3. 屋面结构

屋面为非上人双坡屋面，彩钢板屋顶，厚 100mm。

4. 散水

散水宽 0.6m，素土夯实向外找 5% 坡，80 厚卵石灌 M5 砂浆。

5. 室外坡道

素土夯实，150 厚 5 ~ 10 卵石灌 M5 砂浆，60 厚 C25 细石混凝土随打随抹平。

（五）剪毛站

1. 剪毛站的选址

应选择地势干燥、排水良好、交通便利的地方。

2. 剪毛站建筑的基本要求

（1）由剪毛、分级、打包、储包四个部分组成。如果供电是以柴油机为动力的，还应设柴油机房。

（长度单位：m）

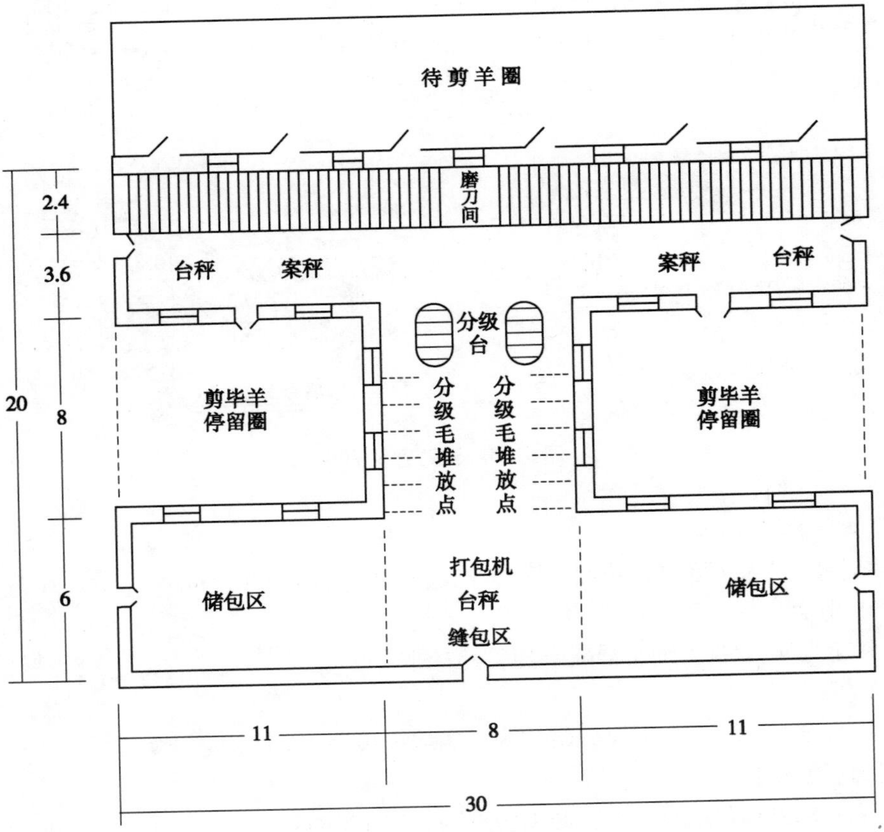

图 6-4 剪毛站平面图

（2）房舍应有足够的高度，通风良好，屋内中高不低于 3.5m，墙体净高不低于 2.5m。墙体用砖砌筑，内壁抹灰粉刷保持光洁，便于清扫消毒。光线充足，墙上开设窗户，内径跨度大的还应设置天窗。地面坚实光洁，采用混凝土或三合土。屋顶采用便于排水的双斜式，屋面采用三油两毡式或苇席＋苇捆＋草泥封顶（剪毛房平面布局见图 6 – 4）。

（3）剪毛台应高于地面 20 ~ 30cm，用混凝土或木板制成，每个台位 2m（长）×1.5m（宽），厚度 3 ~ 5cm。台位设置立柱，以悬挂电机和剪毛机等。规模较小的剪毛点可将帆布铺在干燥、洁净的地面上作为临时剪毛台。

（4）分级台：台面呈长方形，长 2.5m，宽 1.5m，台高 0.8m。台面用钢管或木条制成栅栏型，栅间距为 1.5m。结构应稳定、适宜分级操作。

（5）电动机械：剪毛机可采用 95MR76.2B 软轴式剪毛机；打包机 YDY-30 型液压羊毛打包机，配用功率 7.5kW，标准包重（100 ± 10）kg；一般 10 把剪头的剪毛机组配磨刀机一台，另配备相当于剪头 10 倍数量的动刀片和定刀片。为防止断电影响剪毛，需配置 22kw 以上功率的柴油机作动力。

（6）其他用品：拾毛筐选用镂空硬塑方筐，长 60cm，宽 50cm，高 35cm。量程 100kg、200kg 台秤各一个，15 ~ 20kg 案秤一个。打包用品（包布、封包线、书写工具、铁丝）、药品器械（碘酊、煤酚皂、缝针、缝线、涂料）和记录本等。

第三节 羊舍的设备

一、分隔设施

（一）围栏

通常设在运动场四周和羊舍内，将不同的性别、大小的羊只隔开，限定在一定的活动范围内，以便于科学管理提高生产效率。主要材料有红砖、木材、钢管、铁丝网等。分移动式和固定式两种。一般羔羊栏 1 ~ 1.5m²，成年羊 1.5 ~ 2m²。

（二）母子栏

每个栏宽 1.2 ~ 1.5m，高 0.8m。繁殖母羊群配备的母子栏数量应不少于母羊数的 10% ~ 15%。母子栏可通过适当的连接后做分群栏使用。

（三）分群栏

分群栏供羊分群、防疫、驱虫、鉴定等日常生产管理使用。分群栏有一条狭长的通道，通道的宽度比羊体稍宽，羊在通道内只能成单行前进，在通道的两侧根据需要设置若干个小圈，圈门的宽度和通道的宽度相同，通过控制活动门的开关方向确定羊只的去向。

（四）羔羊补饲栏

在羊圈一侧墙边设羔羊补饲栏，使母羊不能通过，羔羊可以自由进入栏内采食。

二、饲喂设施

1. 固定式饲槽

用砖、水泥砌成长方形。槽体高 0.23 ~ 0.25m，宽 0.23 ~ 0.25m，深 0.14 ~ 0.15m。长度根据羊数量而定。一般成年羊 0.3m、羔羊 0.2m。饲槽前应有隔栏，或在槽两头的中间设一横木防止羊跳入槽内。

2. 移动式饲槽

用木板或铁皮制作。制作简单，便于移动。长 1.5 ~ 2m，上宽 0.35m，下宽 0.3m。

三、饮水设施

一般固定在羊舍或运动场，用砖和水泥砌成、或铁皮等制成。长度为 0.8 ~ 1.5m，上宽 0.25m，下宽 0.2 ~ 0.22m，深 0.20m，槽底距地面 0.2 ~ 0.3m。在其一侧下方设置排水口，便于清洗水槽。

四、分娩及育羔设施

（一）产羔室

可按基础母羊数的 20% ~ 25% 计算面积。在产羔室内附设产房，产房内有取暖设备，使产房保持 5℃ 以上的温度。在冬季产羔的情况下，产房占羊舍面积的 25% 左右。

（二）塑料暖棚

1. 规格大小

根据饲养规模确定。一般可按每只成年母羊占地 1.2 ~ 1.5m² 计算建筑面积。

2. 跨度

根据冬季雨雪与晴天多少确定。一般 8 ~ 10m。

3. 高度

拱型屋脊高度 2.5 ~ 2.8m，高跨比为 2.4 ~ 3.4：10；后墙高度以 1.5 ~ 1.8m 为宜（图 6 - 5）。

双坡式（不对称）单斜面塑膜羊舍：

（1）结构布局　羊舍内部羊床双排式布局，中间设工作走道，饲槽栏外布置。棚顶南坡为塑膜棚，北坡为普通屋顶。在前墙每隔 2.5～3m 设一进气孔，顶部每隔 2.5m 设一排气孔（图 6－6）。

（2）建筑数据　跨度 6.5m，北墙高 2.0m，棚顶 2.6m，南墙高 1.1～1.3m，双排羊床宽 2.2m×2m，饲槽宽 0.35m，工作走道宽 1.4m。若是 100 只生产母羊，羊舍的长度为 18.5m；若是 100 只育肥羊，羊舍长度为 15.4m。

（3）建筑材料　棚膜框架以竹材为最佳，依次为钢材、木材，有条件可采用硬聚乙烯管材。棚膜宜用 0.1～0.12mm 厚、幅宽 3～4m 的聚氯乙烯无滴膜。也可使用聚氯乙烯"万通双层保温板"。后坡顶棚以木材或混凝土构件作梁檩，屋面为苇席＋苇捆＋草泥＋油毡。墙体为土坯或砖混，最好为空心砖类。地面用夯土或三合土，畜床部分可铺混凝土。

（长度单位：m）

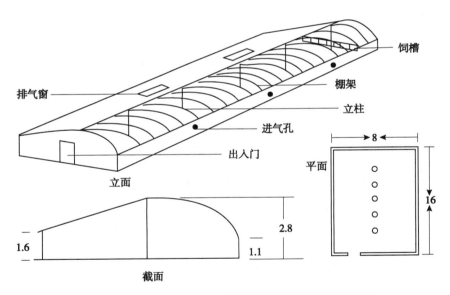

图 6－5　100 只成年母羊拱型塑膜暖棚羊舍建筑草图

五、羊床

羊床具有洁净、干燥、不残留粪便和便于清扫的优点，目前在一些大型的标准化规模养殖场已得到应用。由木条制作，缝宽 1.8～2.2cm，铺设高度 0.5～1m，每块的长度与宽度以 1～2m 为宜。羊床的大小可根据羊的数量和圈舍面积而定。

(长度单位：米)

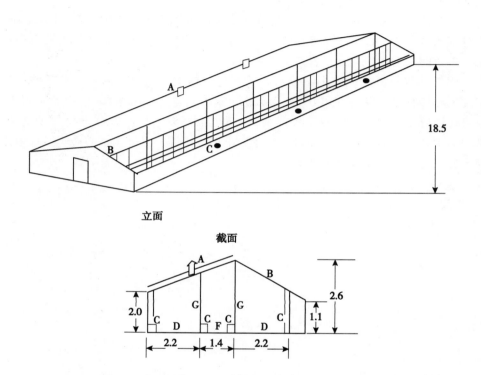

A、排气筒 B、塑膜坡面 C、进气孔 D、羊床 E、饲槽 F、工作走道 G、羊栏

图 6 – 6　100 只成年母羊双坡式（不对称）单斜面塑膜羊舍建筑草图

第四节　羊场生产辅助设施建设

一、道路

场区道路要求平坦，防止扬尘。分场外主干道和场区内部道路，场外主干道用于运输，场内道路用于运输和卫生防疫。

场区道路按功能可分为净道、污道和专用通道。净道一般是场区的主干道，路面宽度不少于 3.5 ~ 6m，宜用水泥混凝土、石块，路面横坡 1% ~ 1.5%，纵坡

0.3%～8%，主要用于人员出入、运输饲料；污道宽3～3.5m，路面宜用水泥混凝土路面，或沙石路面，路面横坡2%～4%，纵坡0.3%～8%，主要用于运输粪污、病死羊只；专用通道主要用于转群和装车外运。与羊舍、饲料库、兽医室、贮粪场等连接的次要干道，宽度为2～3.5m。道路与建筑物长轴平行或垂直布置，在无出入口时，道路与建筑物外墙应保持1.5m的最小距离，有出入口时为3m。

二、绿化

羊场绿化可以调节小气候、减弱噪声、净化空气、防疫和防火等作用。应选择适合当地生长的、对人畜无害的花草树木。场区绿化率不低于30%，树木与建筑物外墙、围墙、道路边缘的最小距离不小于1m。

需要防疫、隔离、景观的周边区域种植乔木、灌木等混合林带，特别是西北方向，应加宽种植，以防风阻沙。场区隔离林带主要作用是用于分隔场内各区及防火，宽度3～5m。在靠近羊舍的采光地段不宜种植枝叶过密、高大的树木，以免影响圈舍的采光。运动场内种植遮阴树可选用枝条开阔、生长快的树种，如杨树、果树等。

三、供排水系统

（一）供水系统

由取水、净水、输配水组成。羊场用水包括生活用水、生产用水和其他用水。生活用水可按每人每天40～60L计算；生产用水在舍饲情况下每只成年羊每天需水量10L，羔羊3L；其他用水包括灌溉以及不可预见等用水，按总用水量的10%～15%计算。

（二）排水系统

由排水管网、沉淀池、出水口组成。为了整个场区的环境卫生和防疫需要，生产污水一般采用暗埋管沟排放。如果长度超过200m，中间应设沉淀池，以免污物堵塞，影响排水。暗埋管沟应埋在冻土层以下，以防受冻堵塞。沉淀池距供水水源应有200m以上的距离。

第五节 卫生及安全设施

一、卫生防疫设施

（一）药浴池

为了防治疥癣及其他体外寄生虫，每年要定期给羊群药浴。药浴池为长方形，形状为狭而深的水沟，一般用水泥、砖构成。深度不少于1m，长10m，池底宽0.4～0.6m，上宽0.6～1.0m，以一只羊能通过而不能转身为宜。药浴池入口端呈陡坡，在出口端为台阶式缓坡，以便羊只行走。在入口端设羊栏，羊群在内等候药浴，出口端设滴流台。羊出浴后在滴流台上停留一段时间，使身上多余的药液流回池内。

在药浴池旁设置炉灶，附近应有水源，以便烧水配置药液。如果羊只数量少，也可用大锅、铁槽等代替。

（二）消毒设施

在羊场的大门及羊舍的入口处，应设相应的消毒设施。场区大门口可设置长10m、宽3m、深0.2m的车辆消毒池。素土夯实、100厚C15素混凝土垫层、20厚1∶3水泥砂浆、50厚C20细石混凝土抹平、水泥砂浆一道、20厚1∶2.5水泥砂浆加5%防水粉压实抹光。人员进入场区是要通过S形消毒通道，消毒通道内装设紫外线杀菌灯，消毒5min。地面设置脚踏消毒槽或消毒湿垫，用火碱溶液消毒。消毒通道末端设置喷雾消毒室、更衣换鞋间等。

（三）围墙、隔离带

场区应以围墙和防疫沟与外界隔离，周围设绿化隔离带。围墙距生活区间距不少于3.5m，距羊舍间距不少于6m。围墙高度2.5～3.0m，防疫沟宽1.5～2m，以防止场外人员及其他动物进入围墙绿化隔离带宽度不少于1m，绿色植物高度不低于1m，否则起不到隔离作用。为防止野生动物侵入，最好采用密封墙，而不是采取网围栏等进行隔离。

（四）防疫室建设标准及建设形式

1. 建设场地土质为二类土地，防疫室建设采用人工挖沟槽，基础采用C15素砼，基础埋深40cm。

2. 防疫室建筑为砖混结构，建在繁育场入口处，防疫室设计长5m，宽4m，高2.8m；地面为混凝土地面。

3. 屋顶应达到防雨、防晒要求，保温性要好。由下至上为钢屋架、檩条、无滴漏塑料薄膜、两层 40mm 聚苯板错开铺设（或 80mm 聚苯板防水卡口贴合）（容重不低于 18kg/m³）、厚塑料薄膜、SBS 防水材料。

4. 墙体做法

室内地坪以上（由内到外）：10mm 厚 1：2 水泥砂浆抹面并刷石灰浆 2 道；外墙为清水墙加浆勾缝。

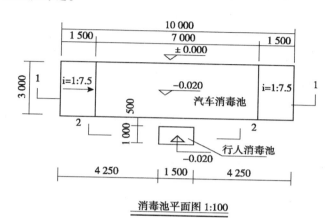

消毒池平面图 1:100

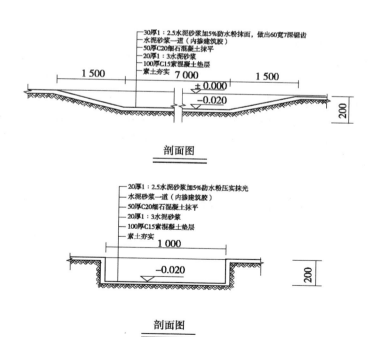

剖面图

剖面图

图 6－7　消毒池建筑草图

二、安全设施（视频监控系统）

（一）视频监控系统的组成和工作原理

视频监控系统是由摄像、传输、控制、显示、记录登记五大部分组成。摄像机通过同轴视频电缆将视频图像传输到控制主机，控制主机再将视频信号分配到各监视器及录像设备，同时可将需要传输的语音信号同步录入到录像机内。通过控制主机，操作人员可发出指令，对云台的上、下、左、右的动作进行控制及对镜头进行调焦变倍的操作，并可通过控制主机实现在多路摄像机及云台之间的切换。利用特殊的录像处理模式，可对图像进行录入、回放、处理等操作，使录像效果达到最佳。

视频监控系统发展了短短二十几年时间，从视频监控系统发展划分为第一代模拟视频监控系统（CCTV），到第二代基于"PC + 多媒体卡"数字视频监控系统（DVR），到第三代完全基于 IP 网络视频监控系统（IPVS）。

（二）视频监控系统的作用

数字畜牧业是畜牧业发展的趋势，通过视频监控养羊，可以实现对养羊过程实现全程监控，远超过以前采用单纯的人工养羊，目前已经在以下几个方面起到较好效果。

1. 降低企业用工成本

实施视频监控养羊，一个人可对一个羊场实行监控，能及时发现羊群异常情况。

2. 为食品安全提供保障

通过远程视频可随时获取羊的健康情况、羊病处置以及用药情况视频记录，对羊的饲养发挥全程监督作用，特别是对重大羊病预警监测和羊产品质量安全监督有重要意义。

3. 实现远程专家会诊

根据需要可以邀请专家通过远程视频监控系统对羊场提供远程指导和诊疗。

第七章　细毛羊杂交利用生产模式

世界养羊业从20世纪50年代开始从羊毛生产逐渐转向羊肉生产，如英国、法国、德国羊肉生产占养羊收入的90%左右。澳大利亚和新西兰等主要产毛国家从20世纪80年代开始细毛羊的比例逐年下降，向羊肉生产方向发展，目前已成为世界上主要羊肉生产和出口的国家。

我国在强调发展羊肉生产的同时，也不能忽视羊毛生产，必须处理好羊肉生产和羊毛生产的关系。比如对低等级细毛羊选用白色毛被的肉用品种，如德国肉用美利奴、南非肉用美利奴、道赛特、白头萨福克和特克塞尔等进行杂交改良，在保持其不降低羊产量和质量的同时，提高产肉性能，达到"肉毛"双赢的目的。

第一节　与专业化肉羊杂交生产

无角陶赛特羊是世界上优良的肉用羊品种，具有生长发育快、早熟、耐粗饲、适应性强、产肉性能好等特点。与细毛羊杂交，杂交一代羊毛产量和质量无明显的变化，产羔率达到141%，日增重、出栏活重、胴体重较细毛羊提高50g、7.10kg、2.8kg，是较好的杂交组合。

澳大利亚在生产肥羔过程中大多采用"美利奴（♀）边区莱斯特（♂）"杂一代母羊再用无角陶赛特羊为终端父本三元杂交生产肥羔。

新疆玛纳斯县（2008年）用新疆细毛羊母羊用陶赛特杂交，杂交一代7d补饲全价颗粒代乳料，60d断奶，用全价颗粒饲料和苜蓿青干草直线育肥，120d平均体重42kg（38～52）kg，平均日增重316g。在相同饲养条件下无角陶赛特羊与新疆细毛羊杂交一代比细毛羊每只平均效益提高250元（表7-1）。

赵文生等用无角陶赛特公羊对低等级的中国美利奴羊杂交（试验组），与中国美利奴羊后代（对照组）比较。结果表明，杂交后代具有明显的杂种优势，适应性强，不仅基本保持了母本羊毛品质优良的特点，而且弥补了母本体躯不丰满、增重慢的缺点（表7-2）。

表 7 - 1　相同饲养条件下不同杂交组合的经济效益比较

（单位：%、kg、元）

杂交组合		繁殖成活率	生产性能		产值	培育成本	母羊饲养成本	效益
母羊	公羊		出栏体重	产肉量				
细毛羊	细毛羊	89	32	13	800	238	475.8	86.2
细毛羊	陶赛特羊	92	42	20	1050	238	475.8	336.2

注：饲养方式为舍饲 + 放牧，羔羊 120d 出栏

表 7 - 2　生长发育和羊毛品质比较　　（单位：kg、cm、%）

项目	初生重	4 月龄断奶重	14 月龄体重	毛长	产毛量	净毛率	剪毛量
试验组	3.78	29.80	46.92	9.10	4.28	55.04	2.36
对照组	3.22	26.78	42.90	10.03	4.80	57.60	2.76

　　白萨福克羊是由黑萨福克公羊与无角陶赛特羊和边区莱斯特毛用羊杂交选育而成。身体为白色，具有早熟、生长发育快、产肉性能好等特点。王骁等 2004 年用著名肉羊品种白萨福克为父本与中国美利奴羊杂交，产生的杂交一代母羊与中国美利奴公羊回交进行杂交利用试验。结果表明：杂种羊肉用性能较中国美利奴羊得到显著提高，但毛用性能显著降低。从肉毛兼用性考虑，回交一代要好于杂交一代。

　　谢鹏贵等（2006 年）用夏洛莱羊、白萨福克羊为父本与中国美利奴羊杂交试验。试验结果夏洛莱羊、白萨福克羊对中国美利奴羊肉用性能改善效果显著。在毛用性能方面，两个品种杂交一代比中国美利奴羊有较大退化，但夏洛莱羊与中国美利奴羊组合退化程度低。

第二节　与兼用型品种杂交生产

　　德国美利奴羊为肉毛兼用细毛羊，体格大，繁殖率高，羔羊生产发育快，羊毛性能良好。通过与新疆细毛羊杂交，随着杂交代数的增加，可明显提高细毛羊养殖综合效益，增加收入（表 7 - 3）。

　　为保持河北细毛羊的细毛品质，并提高产肉性能，2000—2006 年郭建军等引进德国美利奴羊为父本对河北细毛羊进行改良。其杂交后代初生重、断奶重增

大，毛长增加，净毛率、剪毛量提高，油汗以白色或乳白色为主，羊毛弯曲数逐渐转向大、中弯曲。含德血50%杂交后代的在体重方面优势明显，含德血75%和68.75%杂交后代羊毛综合品质好，生产性能较高。在兼顾肉用性能和羊毛品质的情况下，杂交后代以德血含量50%~75%为宜。

表7-3　德国美利奴羊与新疆细毛羊杂交后效果

品种	繁殖成活率（%）	出生重（kg）	3月龄断奶重（kg）	周岁重（kg）	周岁剪毛量（kg）	屠宰率（%）
新疆细毛羊	98.23	3.22	18.36	40.27	2.2	45.78
德×新 F_1	122.33	4.41	25.33	58.12	3.61	49.34
德×新 F_2	138.12	5.02	26.56	60.65	3.75	50.46

第八章　羔羊培育技术

羔羊的培育指断奶以前的饲养管理。羔羊生长发育很快，具有较大的可塑性，在羔羊时期效果最明显。羔羊早期生长发育的特性为生产长发育快、适应能力差和可塑性强。消化机能具有胃容积小、瘤胃微生物区系尚未完善，不能发挥瘤胃的应有的功能的特点。羔羊肌肉生长速度最快、脂肪增长平稳上升，骨骼的增长速度最慢。依据这些特性设计的羔羊培育技术方案，羔羊的生长发育可以按照生产者期望的目标发展。因此培育羔羊对充分发挥其生长优势，促进身体的发育，提高生产性能具有重要意义。

第一节　羔羊培育方法

一、我国传统羔羊培育方式的弊端

当前我国养羊业普遍采用母乳喂养，3～4月龄断奶。主要存在以下缺点。

1. 羔羊和母羊同圈饲养，母羊体力无法得到恢复，延长了配种周期，降低了繁殖利用率。

2. 母羊产羔后60d分泌的母乳量和营养成分已不能满足羔羊快速生长发育的营养需要。

3. 羔羊的常规饲养法哺乳期长，劳动强度大，饲养成本高。

4. 常规法断奶难以适应当前规模化、集约化经营的发展趋势，不利于对羔羊的营养调控，达不到全进全出的生产要求。

二、羔羊的培育

（一）加强母羊的饲养管理，促进泌乳量。

保持母羊良好的膘情，特别是妊娠后期胎儿生长迅速，是培育好羔羊的关键。母羊的体况好，就能保证胚胎的正常发育，出生羔羊的体重大，体质健壮，同时母羊的泌乳性能好，促进羔羊的生长发育。根据膘情的好坏、产羔时间、单羔和多羔等情况合理分群饲喂，对瘦弱母羊要提高营养水平。

（二）产羔前的准备

产羔前做好饲草料、产房和药品用具、人员的准备。产房温度保持在 5～10℃，产房要求通风良好，地面干燥，没有贼风。每天对产房进行一次清扫和消毒。准备好足够的垫草或垫料。若羊群过大，需要按预产日期重新组群，把预产期相近的母羊编在一群，组成待分娩群，便于照看。临产时，要特别注意加强看护。

（三）接羔技术

母羊临产时，乳房肿大，阴门肿胀潮红，有时流出浓稠黏液。行动困难，排尿次数增多，有时四肢刨地，起卧不安，常回顾腹部，独处墙角卧地，四肢伸直努责。精神不振，食欲减退。由于细毛羔羊毛短、毛稀，对寒冷环境的抵抗力弱，当母羊努责、羊膜露出外阴时，应及时送进产房准备接产。

接产前首先剪净临产母羊乳房周围和后肢内侧的羊毛，以免产后污染乳房。若母羊眼周围的毛过长，也应剪短，便于日后认羔。然后用温水洗净乳房，并挤出几滴初乳。再将母羊的尾根、外阴部、肛门洗净。

正常生产的羔羊一般在羊膜破后 10～30min，正常的胎位一般两前肢和头部先出，少数后肢先出。产双羔时，先后间隔时间为 5～30min，对产多羔母羊应特别加以注意，多需助产。羔羊产出后应迅速将羔羊口、鼻、耳中的黏液抠出，以免呼吸困难窒息死亡，或吸入气管引起异物性肺炎。羔羊身上的黏液最好让母羊舔净，以增强母子感情，为哺乳创造条件。如母羊母性差，可将胎儿黏液涂抹在母羊嘴上，或将母子关在母子栏内一段时间。

羔羊一般是自行扯断脐带，再用5%碘酊消毒。人工助产娩出的羔羊，助产人员应把脐带中的血向羔羊脐部顺捋几下，在距羔羊腹部 3～4cm 的适当部位断开，并进行消毒。

（四）羔羊的产后护理

羔羊出生后 10min 能起立，必要时人工辅助羔羊完成第一次哺乳。出生羔羊 30min 内首先要吃上初乳。

有些羔羊出生后，由于母羊死亡、瘦弱造成缺乳或无乳、多羔等原因使羔羊需要找保姆羊，或人工哺乳。在使用牛奶补喂羔羊时，加入多种维生素或多维葡萄糖，效果会更好。

有些出生羔羊由于缺奶等原因体质较弱，消化机能不完善，抵抗力差，极易发病，因此，保持乳品、饲草料、用具、人员以及环境的清洁卫生、消毒非常重要。产房必须勤起勤垫，保持干燥和清洁卫生。病羔及时隔离。

初生羔羊体温调节机能很不完善，圈舍防寒保暖是重要的环节。观察圈舍温度的方法：如果羔羊扎堆或挤在火炉周围，说明圈舍温度低，要提高圈舍温度。

（五）羔羊的补饲

羔羊在生后10d左右开始训练吃草、吃料。羔羊早开食的目的是刺激羔羊瘤胃发育，锻炼采食能力，提高羔羊生长发育速度。开食料要求适口性好、易消化、营养价值高。补饲蛋白质含量高、纤维少的干草如苜蓿干草、青干草、树叶等，要铡短。混合精料如豆饼、玉米等要磨碎，必要时炒香，补饲胡萝卜时要洗净，擦成丝状，与精料混合补喂。要注意维生素和矿物质的补给，如舔食砖、食盐等。补饲应定时、定量，注意少喂勤添，补饲完要及时打扫食槽。一般15d羔羊每天补饲混合精料50～75g，1～2月龄100g，2～3月龄200g，3～4月龄250g。

颗粒饲料由于体积小、营养浓度大，比粉料能提高饲料报酬5%～10%，非常适合饲喂羔羊。

（六）适量运动及放牧

羔羊的习性爱动，早期训练运动促进羔羊的身体健康。生后1周，天气暖和晴朗，可在室外自由活动，晒晒太阳，也可以在塑料大棚暖圈内运动。生后1个月可以随群放牧，但要慢赶慢行。

（七）羔羊的编群

为防止出生羔羊母子混乱，每天出生的羔羊应按顺序编号，把相同的编号打在母羊和羔羊同一侧。出生羔羊应单独组群，对母子相识、羔羊及时哺乳和精心管理都有利。分群的原则为羔羊出生时间越短，羊群越小，日龄越大，组群越大。在编群时，应选择体重相近的羔羊合并在一起。有条件的情况下，单双羔应分群管理。

第二节　羔羊人工哺乳及早期断奶

一、羔羊人工哺乳

又称人工育羔，是为了适应羔羊早期断奶（出生后35～60d）而形成的一项技术。所使用的食物主要有羊奶、鲜牛奶、奶粉、豆浆，以及目前推广的羔羊专用代乳品。人工育羔关键是要做好"六定"。

（一）六定

1. 定人

固定专人喂养，因为固定的饲养员熟悉每个羔羊的生活习性，了解饲喂量、奶的温度、食欲变化等。

2. 定时

合理安排哺乳时间。初生羔羊每天饲喂 6 次，每 3 ~ 5h 饲喂 1 次，10d 以后每天饲喂 4 ~ 5 次，30d 后 3 ~ 4 次。随着月龄的增加，逐渐减少喂奶次数，适当增加每次的喂量。

3. 定量

喂量以满足营养需要为前提，掌握在"七成饱"的程度。过多引起消化不良，甚至腹泻，过少营养不足影响生长发育。特别是最初喂牛奶、奶粉、豆浆等 2 ~ 3d，先少量饲喂，适应后逐渐增加喂量。如有条件饲喂前应加少量的植物油、多种矿物质和维生素、鱼肝油、胡萝卜汁和蛋黄等。初期每只羔羊每次饲喂 250g 左右，一般每天哺乳量不低于出生体重的 1/5 为宜。

4. 定温

奶温以接近或稍高于母羊体温即 35 ~ 41℃。也可以把奶瓶贴在脸上感觉不烫也不凉即可。温度过高伤害羔羊的口腔黏膜，容易发生便秘；过低则易发生消化不良、拉稀、胀气等。

5. 定质

奶汁应新鲜、清洁。低温保存的喂前应加温、搅拌，混合均匀。奶类在喂前应加热到 60 ~ 65℃，时间 0.5h；或经过巴氏消毒；豆浆等喂前必须煮沸。

6. 定期消毒

每次饲喂的奶瓶必须保持清洁卫生。喂完后用瓶刷刷净，温水清洗干净，并用碱水消毒。健康羔羊和病羔的奶瓶应分开。

（二）人工哺乳

人工哺乳的首要环节是代乳品的选择和饲喂。羔羊早期断奶必须是在初乳期之后，即生后 24h 吃过初乳。羔羊若未吃过初乳，断奶前应人工辅助羔羊吸吮其他母羊的初乳 2 ~ 3 次，或人工挤下初乳喂量 300g，12 ~ 18h 内分 3 次喂给。

代乳品应具有以下特点：①消化利用率高；②营养价值近于羊奶，消化紊乱少；③配制混合容易；④添加成分悬浮良好。

人工哺乳羔羊 1 ~ 2 周后开食补料和给予饮水。在这一期间，关键是要锻炼瘤胃和尽早建立采食行为，这样到 3 ~ 4 周龄时才会具有消化固体饲料的能力，为断奶打下基础。

羔羊停喂代乳品后，摄入的营养减少，多半会出现 7 ~ 10d 的生长停滞期。此时，应当设法让羔羊多吃，特别是断奶的前几天，尽量做到：一是不改变原圈的布置，维持原有的饲槽、水槽的位置，不宜给羔羊换圈；二是不改变原有的补饲方式和类型。一周过后，待羔羊生长停滞现象有所缓解时，再适当减少蛋白质饲料的用量。

二、羔羊早期断奶

早期断奶是控制哺乳期，缩短母羊产羔期间隔和控制繁殖周期，达到一年两胎或两年三胎、多胎多产的一项重要技术措施。是工厂化生产的重要环节和大幅度提高产品率的基本措施。

母羊产羔后 2 ~ 4 周达泌乳高峰，3 周内泌乳量相当于全期总泌乳量的 75%，此后泌乳量明显下降，因此 60d 后母乳已不能满足快速生长发育的需要，必须断奶。

羔羊的早期断奶是在常规 3 ~ 4 月龄断奶的基础上，将哺乳期缩短到 40 ~ 60d，利用羔羊在 4 月龄内生长速度最快的特性，将早期断奶的羔羊进行强度育肥，充分发挥其优势，以便在较短的时间内达到预期的目标。

（一）羔羊早期断奶的优点

1. 减少母羊的空怀时间，缩短母羊的繁殖周期。

2. 和传统的羔羊培育方式相比，早期断奶加快了畜群周转，降低了成本，提高经济效益。

3. 规模化养殖中多采用同期发情等繁殖新技术，使母羊集中产羔，结合使用早期断奶，有利于集约化生产的组织。

4. 早期断奶使羔羊较早采食了饲草料，促进羔羊消化器官特别是瘤胃的发育，提高了羔羊在后期培育中对饲草料的利用率。

5. 用代乳品饲喂早期断奶羔羊，因其营养全面，能充分满足羔羊的生长发育，降低常见病的发病率，提高羔羊的成活率。

（二）羔羊早期断奶的技术要点

1. 早期断奶必须让羔羊吃到初乳后再断奶，否则会影响羔羊的健康和生长发育。初乳是母羊产后 3 ~ 5d 内分泌的乳汁，乳汁色黄、奶质黏稠、营养丰富。初乳含有较多的抗体和溶菌酶，含有 K 抗原凝集素，能抵抗各种大肠杆菌的侵袭；同时含有较多的镁盐，镁离子能促进胎粪的排出，防止便秘。

2. 饲喂的开食料为易消化、柔软且有香味的湿料。圈舍保持清洁、干燥。

3. 断奶标准。体格健壮，采食正常，体重 15 ~ 20kg。英法等国家多采用羔羊断奶活重为初生重的 2.5 倍或羔羊达到 11 ~ 12kg。

4. 断奶时间。羔羊适宜的断奶时间应以能独立生活并以饲草为主获得营养为准。舍饲羔羊为 45 ~ 60d 断奶；放牧细毛羊为 90 ~ 120d 断奶；放牧 + 补饲为 60 ~ 90d 断奶。

5. 断奶方法：有一周龄断奶法和40d断奶法。

（1）一周龄断奶法　羔羊出生1周后断奶，用代乳品人工育羔。方法是将代乳品加水4倍稀释，日喂4次，为期3周，或羔羊活重达5kg时断奶；断奶后再喂给含蛋白质8%的颗粒饲料，青干草自由采食。

生后1周代乳品配方为：脂肪30%～32%，乳蛋白22%～24%，乳糖22%～25%，纤维素1%，矿物质5%～10%，维生素和抗生素5%。同时还要有良好的舍饲条件，否则羔羊的死亡率较高。

杨宇泽、赵有璋（2006年）做羔羊超早期断奶代乳料饲喂试验。试验组5d断奶，对照组正常哺乳。结果表明：从10～35d，试验组生长一直较缓慢，而对照组生长迅速；35～75d，试验组日增重显著高于对照组。在试验阶段对照组低于试验组3kg，主要体尺差异均不显著，说明羔羊超早期一次性断奶是可行的。

（2）40d断奶法　羔羊出生后40d后母羊泌乳量下降，羔羊瘤胃已充分发育，能采食和消化大量植物性饲料，当公羔体重达到15kg，母羔达到12kg以上断奶，可完全饲喂草料和放牧。

方翟、吴建平等（2007年）采用逐步断奶补饲技术对德美羊和小尾寒羊杂交一代羔羊分别在35d、45d、60d和90d早期断奶试验，结果表明，45d断奶，羔羊体质健壮，抗病能力较强，综合效益高，为最佳断奶时间。

第九章 育肥技术

第一节 育肥羊的生理特点及育肥生长规律

肉羊育肥是利用其生长发育的阶段性，通过相应的饲养管理措施，达到增加肌肉和脂肪总量、改善羊肉品质的目的，从而获得较好的经济效益。

育肥羊断奶后采食量不断增加，消化能力提高，骨骼和肌肉迅速增长，是生产肥羔的有利时期；成年期生产性能最高，虽然绝对增重达到高峰，仍能迅速沉积脂肪；老龄羊机体代谢水平下降，饲料利用率和生产性能下降，影响育肥效果。

第二节 确定适宜的育肥方式

一、舍饲育肥

舍饲育肥是按照饲养标准和饲料营养价值配制日粮，并完全在圈舍内饲喂的一种育肥方式。

主要是利用农副产品饲喂，育肥效果幼龄比老龄好，育肥期通常为 75 ~ 100d，在这期间可增重 10 ~ 15kg。由于舍饲育肥生产可进行人为控制，降低运动消耗，饲草料营养比较全面，日增重快，畜群周转快，可按市场需求进行规模化、集约化、工厂化养殖，经济效益高，是今后育肥发展方向。

由 15kg 育肥到 41kg 活重时，每增重 1kg 饲料消耗不超过 3 ~ 4kg。用谷粒饲料催肥，比用压扁和粉碎饲料好，用颗粒饲料育肥效果更好，以粗饲料和精饲料比例 55：45 的颗粒饲料效果最好。

羔羊用颗粒饲料：30% 干草粉，44% 大麦秸，25% 精料，1% 添加剂。

成年羊颗粒饲料：74% 大麦秸，25% 精料，1% 添加剂。

二、混合育肥（放牧＋补饲育肥）

一是对膘情差的当年羔羊补饲精料 30～40d 上市；二是通过放牧不能满足育肥的营养需求，需采用放牧结合补饲少量精料的方式育肥，可充分利用饲草资源，成本虽然比放牧育肥高些，但效果较好，增重比单纯放牧育肥提高 50% 左右，同时提高胴体和肉的品质。

三、放牧育肥

是最经济的育肥方法，也是农牧区重要育肥方式，主要利用天然草场、人工草场或秋茬地放牧。关键是掌握科学的放牧技术，否则放牧羊采食范围大，运动量大，体能消耗大；另外羊有择食性，采食量有限，不能满足营养需要，育肥期长；放牧育肥受放牧场地、气候等多种不稳定因素的影响，限制了养殖规模和影响育肥效果；若超载则加大草场压力，造成草场退化，破坏生态环境。羔羊适宜在以豆科为主的草场上放牧育肥，因为羔羊的育肥主要是蛋白质的沉积，豆科牧草蛋白质含量较高；成年羊则适宜在禾本科为主的草场上，增重已沉积脂肪为主。

由于放牧育肥增加了羊的运动量，有利于生长发育，采食的基本为绿色、无公害的饲草，被人们称之为"草羊"，深受消费者的青睐，是今后生产绿色羊肉的一个发展方向。

上述三种育肥方式比较，舍饲育肥增重效果一般高于混合育肥和放牧育肥。从单只羊经济效益分析，混合育肥和放牧育肥经济效益高于舍饲育肥。但从大规模集约化羔羊育肥角度看，舍饲育肥的生产效率及经济效益比混合育肥和放牧育肥高。杨红卫等（2007 年）用德美羊与新疆细毛羊杂交一代在舍饲、放牧补饲和放牧不同饲养方式下进行育肥试验表明，120d 断奶羔羊育肥 3 个月，舍饲组体重 47.25kg，比放牧补饲和放牧对照组分别提高 22.60% 和 28.13%；舍饲组屠宰率、净肉率为 51.29% 和 43.19%，比放牧补饲组和放牧对照组分别提高 4.57%、8.21% 和 4.65%、7.58%。舍饲组每只羊平均多盈利 30～50 元。

项目例证：

新疆畜牧科学院任玉平等（2012 年）进行细毛羊羔羊早期断奶与舍饲育肥试验。

1. 试验材料

选择新疆昌吉市阿什里乡示范户 2012 年春季出生的体重相近的健康公羔 60只，其中，30 只羔羊为育肥组，放牧组 30 只羔羊随母羊自由放牧。

精饲料为代乳料（585 羔羊精料补充饲料）和育肥料（386 育肥羊饲料）均产自乌鲁木齐正大畜牧有限公司（表 9-1 和表 9-2）。粗饲料为全株玉米青贮料。

表9-1 代乳料与育肥料的营养成分保证值

料号	水分（%）≤	粗蛋白质（%）≥	粗纤维（%）≤	粗灰分（mg/kg）≤	钙（mg/kg）	总磷（mg/kg）	食盐（g/kg）
585	14.0	18.0	14.0	9.0	0.9~1.6	0.4	0.7~1.6
386	14.0	17.0	14.0	9.0	0.9~1.5	0.4	0.7~1.6

表9-2 全株玉米青贮营养成分表

成份	水分（%）	蛋白质（g/100g）	粗脂肪（g/100g）	钙（mg/kg）	磷（mg/kg）	NDF（%）	ADF（%）	备注
	67.5	6.57	0.64	457	324	16.5	9.61	

2. 试验设计

（1）代乳料饲喂期 预饲期18d自由采食，母乳+代乳料585饲喂，代乳料摄入量100~200g/d。

（2）育肥料试验期 试验期90d，200~700g/d。育肥料386+自由采食全株青贮玉米。

试验前期15d。羔羊进行驱虫、药浴，接种疫苗。改用育肥饲料，育肥料饲喂量200~300g/d+全株青贮玉米0.5kg/d。

试验中期45d，育肥料饲喂量300~500g/d+全株青贮玉米0.6kg/d。

试验后期30d，育肥料饲喂量500~800g/d+全株青贮玉米0.7kg/d。

（3）屠宰试验 屠宰4只（其中3只为育肥组，1只为放牧组）。屠宰前16~24h停止饲喂和放牧，临宰前2h停止饮水。

3. 试验结果与分析

（1）体重变化 分别在试验预饲期，试验中期和试验结束测定体重（表9-3），将整理后数据导入SPSS（19.0），运用Duncan方法进行分析表明，育肥中期的日增重为150g，育肥结束日增重为202g。自由放牧中期的日增重为40.88g，育肥结束日增重为-38g。育肥组体重均值均大于放牧组。放牧组后期体重不增反降，说明草场在放牧后期，由于气候干旱可食牧草匮乏和长途转场，使羊的体重大幅度下降，低于放牧中期，也印证了传统畜牧业生产方式的弊端。

育肥组与放牧组体重试验前期差异不显著，育肥中期和育肥结束体重的变化为差异极显著（$P<0.01$）。

表9-3 育肥组、放牧组体重测定值

分组			时间（d）	精饲料（g）	青贮玉米（g）	体重（kg）	日增重（g）
试验组	代乳料饲喂期	预饲期	18	100～200			
	育肥料试验期	育肥前期	15	200～300	500	32.08	
		育肥中期	45	300～500	600	38.72	150
		育肥后期	30	500～800	700	45.36	202
		平均				38.72	
放牧组	放牧前					30.33	
	放牧中期					32.17	40.88
	放牧结束					31.03	-38.0
	平均					31.18	

（2）屠宰测定 对育肥组3只和放牧组1只羊进行了屠宰试验，测定指标见表9-4。

表9-4 育肥与放牧羊屠宰测定情况 （单位：kg、%）

耳号	宰前活重	胴体重	屠宰率	肉重	骨重	肉骨比	头蹄	内脏	皮
育肥羊1	51.20	25.08	48.98	21.38	4.62	4.63	3.80	3.67	4.71
育肥羊2	43.25	21.70	50.17	14.63	6.55	2.23	3.60	2.43	4.47
育肥羊3	43.60	21.88	50.18	14.50	5.80	2.50	3.06	2.87	5.41
放牧羊1	32.60	16.04	49.20	10.84	4.74	2.29	3.01	2.47	4.21

（3）经济效益分析 经过舍饲育肥后，每只羊平均可增加129.51元的收入（表9-5、表9-6、表9-7）。

表9-5 育肥羊与放牧羊成本情况 （单位：只、元）

组别	头数	饲料	舔砖	雇工费	防疫治疗费	销售成本	小计
育肥组	1	116.49	4	30	2	20	172.49
自由放牧组	1	2	0	60	2	2	66.00

注：育肥料2.56元/kg

（4）结论 舍饲育肥羊在体重生长速度均优于放牧羊的生长指数，差异极显著（$P < 0.01$）。育肥羔羊的经济效益高于放牧羔羊，育肥后，羊体重达到屠宰上市的要求，并可根据个体的生长情况，分批上市，屠宰后胴体按40.0元/kg

出售（胴体重20kg），另细毛羊皮可获利150.0元，每只羊可收入950.0元，减去饲养成本可收入777.51元。随母羊进入草场放牧的羊只，由于后期的饲草摄入量不足，从夏场转场后体重不增反降，其上市受限，为减少冬季的饲养压力，采取了批量出售，均价为750.0元/只，减去放牧成本可收入648.0元，舍饲育肥组较自由放牧组多收入129.51元。

表9-6　育肥羊与放牧羊收入情况　　　　　（单位：只、元）

组别	头数	胴体	活畜	其他	小计
育肥组	1	800	0	150	950
自由放牧组	1	0	750	0	750

表9-7　育肥羊与放牧羊收支平衡　　　　　（单位：只、元）

组别	头数	成本支出	收入	收支平衡
育肥组	1	172.49	950	768.33
自由放牧组	1	66.00	750	648.00

注：成本为阶段性的，前期饲养水平相同，仅比较断乳后的成本与收入

4. 讨论

羔羊早期断奶与舍饲育肥技术的应用可促进牧民生产方式改变与经营理念，改变传统畜牧业生产方式，当年羔羊当年上市，提早将产品货币化，增加牧民的收入，可减轻草场压力，是保障畜牧业生产可持续发展的重要措施，提高牧民的生产效益。

第三节　成年羊育肥

一、育肥方案的确定

育肥羊主要是淘汰公母羊及瘦弱羊，育肥方式采取混合育肥方式，以放牧育肥为主，补饲精料0.4～0.5g，育肥日增重120～140g，一般80～100d出栏上市。张金菊（2009年）采用暖棚舍饲的方式育肥甘肃高山细毛羊成年羊，育肥期50d，试验组平均日增重142g，对照组为0.78g，试验组比对照组每只多收入46.62元。

二、前期准备

(一) 圈舍

通风干燥、清洁，冬季防寒保温（暖棚效果好），夏季通风凉爽。

面积：成年羊 0.8~1m²/只，另 2 倍运动场。

槽位：成年羊 30~40cm。

消毒：先清洗，后消毒。进羊前 2%~3% 烧碱消毒，墙壁 20% 石灰粉刷。

(二) 饲草料

粉碎（2cm 左右）、多样化、脱毒、饲料配方，禁喂发霉变质饲草料。

准备：每只羊每天饲料 0.6~1.1kg，饲草 1~1.5kg，食盐 5~10g。

三、饲料配方

(一) 舍饲育肥

玉米粉 21.5%、玉米粒 17%、干草粉 21.5%，豆饼 21.5%，葵饼 10.3%，麦麸 6.9%，食盐 0.7%，尿素 0.3%，添加剂 0.3%。成年羊育肥饲料配方见表 9-8。

前 30d 日均喂料 350g，中 30d 日均喂料 400g，后 30d 日均喂料 450g，饲草自由采食。

表 9-8　成年羊育肥饲料配方

饲料	比例（%）	养分	含量
玉米	54.6	消化能（MJ/kg）	14.85
菜籽饼	14.1	代谢能（MJ/kg）	11.92
苜蓿干草	11.7	粗蛋白质（%）	12.10
麸皮	10.2	粗纤维（%）	15.72
湖草	1.2	钙（%）	0.35
玉米青贮	7.8	磷（%）	0.36
食盐	0.4		

(二) 混合育肥

玉米 30%、麸皮 25%，葵饼 20%、三号粉 20%、矿物质 3%、食盐 2%。

四、饲养管理要点

1. 圈舍设立专门的食盐、舔砖补饲槽（防止雨、雪水浸湿），使羊只自由采食。设专门饮水槽，使羊能随时饮到清洁饮水，天冷时应饮温水。

2. 育肥羊每天饲喂 2~3 次，必须坚持定时饲喂。混合精料应逐步增加。

3. 粗料以加到每次羊不吃时槽底有少量剩余为准。开始时每只羊消耗约 1 ~ 1.2kg，随着精料的增加和膘度的增加会逐步减少。

4. 精粗饲料喂前半天拌匀，有水分较大的番茄酱渣、甜菜渣、青黄贮饲料时可直接堆闷。使用干草粉时要经碱化处理或喷水后拌精料堆闷，夏季气温高时不宜堆闷太久，以免变质。

5. 在饲喂时重点观察采食情况，以便及时发现管理中存在的问题和病畜。发现饮食不好的及时做好记号，下次饲喂时继续重点观察。及时请兽医诊治或及时屠宰。在羊只安静休息时（夜晚）进羊圈听羊只呼吸状况及有无其他杂音，察看羊只反刍状况，反现异常及时处理。平时观察羊只排尿、排粪状况。

6. 驱虫后的第三天，清扫排出的粪便，堆集发酵处理。

7. 冬季天气寒冷，育肥羊时最好是暖棚育肥，可减少羊的体能消耗，提高育肥效果。应用暖棚时注意通风换气，保持空气清新。夏季气温高时应注意防暑降温，如采取修建晾棚、地面定时洒水、供给清凉饮水等措施。

8. 育肥期间尽量减少陌生人进入羊圈，减少噪音、人为追赶、惊吓，以免产生应激反应，影响育肥效果。

9. 育肥期间一般不要随意变换草料，更不能突然变换草料。如必须更换，应由少到多逐渐变换。

第四节　羔羊育肥

羔羊肉具有鲜嫩、多汁、脂肪少、易消化、味道鲜美、膻味小等特点，适合现代人们的饮食保健需求，是今后羊肉生产的方向。羔羊具有生长发育快、饲料报酬高的特点，推行羔羊当年育肥出栏，加快了羊群周转，缩短饲养周期，提高羊群的出栏率，适合高效养殖的生产要求。

羔羊育肥的理论依据主要是羔羊阶段正处于生长发育的第二次高峰（第一次高峰在胚胎时期），生理代谢机能旺盛，生长速度较快，对饲料的利用率较高，育肥的成本相对较低，经济效益高。

羔羊育肥包括羔羊早期育肥和断乳羔羊育肥。

一、羔羊早期育肥

包括羔羊早期育肥和哺乳羔羊育肥。

（一）羔羊早期断奶育肥

羔羊早期（3 月龄前）生长的主要特点是生长发育快，胴体部分增重大，脂肪沉积少。采用早期断奶全精料育肥可获得较高的屠宰率、饲料报酬和日增重，一般料重比为 2.5～3∶1，日增重为 200～250g。一般细毛羔羊育肥 50d 可达到 25～30kg 时出栏。该育肥方法的目的是利用母羊的全年繁殖，缓解羊肉淡季市场供需矛盾，缺点是胴体偏小，生产规模受羔羊来源限制。

（二）哺乳羔羊育肥

以舍饲为主，从羔羊中挑选体格大的公羔育肥。为了提高育肥效果，母子同时补饲。羔羊及早开食，以谷粒饲料和苜蓿干草为主，日粮中应添加蛋白质饲料。羔羊体重达到 25～30kg 出栏，达不到标准的继续育肥。

（三）饲养管理

1. 购进当天不饲喂混合料，只给清洁饮水和少量干草。

2. 按羊只体格大小、体重和瘦弱等分组，每组固定 5% 羊每 10～15d 定期空腹称重，以便检查育肥效果。

3. 驱虫：可选择其中一种

（1）抗蠕敏（丙硫咪唑）　每千克体重 15～20mg，灌服。

（2）虫克星（阿维菌素）　每千克体重 0.2～0.3mg，皮下注射或口服。

4. 洗胃

每只羊每天拌料饲喂小苏打 5～10g，每月用 3d，可促进消化吸收。

5. 健胃

口服大黄苏打片，每只羔羊 6～8 片，成年羊 15 片，可健胃、助消化、增加食欲。

6. 接种疫苗

皮下或肌肉注射三联四防苗，每只羊 5ml。同时进行羊四联苗、羊肠毒血症和羊痘疫苗的免疫。

7. 对于育肥公羊，6～8 月龄的公羊可不去势

因为达到同样的出栏标准的时间，不去势公羔比阉羔少 15d，但出栏重却高 2.27kg。

二、断乳羔羊育肥

断乳羔羊育肥目前是我国最普遍的生产方式，也是向工厂化高效肉羊生产过渡的主要途径。一般体重小或体况差的进行适度育肥，体重大或体况好的进行强度育肥，均可进一步提高经济效益。育肥的形式可根据饲草料情况，羔羊断奶的时间及市场需求选择不同的育肥方式。如 4～6 月断奶的羔羊，可进行放牧育肥。7～9 月断奶的羔羊可采取混合育肥，或舍饲育肥。农区断奶羔羊可利用秋季农作物茬地放牧育肥。张宇星等（2002 年）采用边区莱斯特和高山细毛羊杂交一

代断奶羔羊育肥90d,育肥期日增重为173.8g,育肥期增重15.64kg。

新疆玛纳斯县(2007年)用新疆细毛羊母羊与陶赛特杂交,杂交一代7d补饲全价颗粒代乳料,60d断奶,用全价颗粒饲料和苜蓿青干草直线育肥,120d出栏平均体重42kg;对照组120d断奶,180d出栏平均体重35kg,早期断奶直线育肥比传统方式育肥每只平均效益提高128元(表9-9)。

表9-9 新疆细毛羊与无角陶赛特杂交羔羊不同培育方式效益比较

(单位:kg,元)

羔羊培育方式	生产性能			产值	培育成本	母羊饲养成本	效益
	60d	120d	180d				
60d 断奶 120d 出栏	26.2	42		1 050	238	475.8	336.2
120d 断奶 180d 出栏	16.2	23.02	35	875	191	475.8	208.2

(一)育肥方案

分为预饲期和正式育肥期。

预饲期为15d,可分为3个阶段。第一阶段为育肥开始的1~3d,只喂干草和保证饮水,以让羔羊适应新的环境;第二阶段为第4天至第10天,仍以干草为主,但逐渐更换为第二阶段日粮,含粗蛋白质13%,钙0.78%,磷0.24%,精饲料占36%,粗饲料64%;第三阶段为第10天至第14天,逐渐更换为第三阶段日粮。含粗蛋白质12.2%,钙0.62%,磷0.26%,精粗比1:1(表9-10)。

表9-10 预饲期参考日粮配方

日粮组成及营养水平	第二阶段	第三阶段
玉米粒（%）	25	39
干草（%）	64	50
糖蜜（%）	5	5
油饼（%）	5	5
食盐（%）	1	1
抗生素（mg）	50	35
日粮（风干）含		
蛋白质（%）	12.9	12.2
总消化养分（%）	57.1	61.6
消化能（MJ/kg）	10.5	11.34
钙（%）	0.78	0.62
磷（%）	0.24	0.26
精料:粗料	36:64	50:50

（二）前期准备

1. 育肥羊的选购

（1）必须到当地动物防疫、检疫监督等部门办理检疫审批手续，在购入地办理疫病检测报告和检疫证明，对动物进行临床健康检查及日常监管。在隔离场或饲养场（养殖小区）内的隔离舍进行隔离观察，羊隔离期为30d。

（2）年龄为4～5月龄的公羔或7～8月龄的母羔。最好为杂交羔羊。

（3）膘情中等，体格稍大，体重一般为15kg以上。

（4）健康无病，被毛光顺，上下颌吻合好。健康羊只活动自由，有警觉感，上槽，摇尾，眼角干燥。

2. 羊舍要求

（1）基本要求　通风干燥，清洁卫生，夏季遮风避雨，冬季防寒保温。

（2）羊舍面积　每只羔羊占$0.9～1m^2$，另加2倍运动场。

（3）喂养设施　每只羔羊槽位20～25cm，自由饮水。

（4）羊舍消毒　先清扫，后消毒。进羊前用10%漂白粉溶液消毒一次，墙壁用20%石灰乳粉粉刷。

（三）饲料配方

详见表9－11。

表9－11　育肥羔羊颗粒料配方

饲料组成及营养水平	配方1	配方2
玉米（%）	47.80	33.30
甜菜渣（%）	8.00	6.00
大豆饼（%）	13.00	10.50
棉籽饼（%）	5.00	4.00
苜蓿草粉（%）	9.00	16.50
小麦秸（%）	6.00	11.00
玉米秸（%）	10.00	18.00
石灰石粉（%）	0.60	0.10
食盐（%）	0.30	0.30
添加剂（%）	0.30	0.30
合计	100.00	100.00
消化能（MJ/kg）	12.40	11.20
粗蛋白质（%）	14.30	13.00
钙（%）	0.58	0.51
磷（%）	0.29	0.26
精粗比例	75：25	54.5：45.5

（四）饲养管理

1. 分圈饲养

有些体格大的羔羊已性成熟，混合饲喂易发生配种怀孕现象，影响育肥效果，应按性别分圈饲养。

2. 供给全价日粮，精料比例适当

舍饲如饲草料种类单一，容易发生营养缺乏症，出现吃土、舔墙和神经症状，主要是矿物质和微量元素不足引起的。育肥后期为了及早出栏，往往加大精料喂量，出现精料比例过高引起酸中毒，精粗料的比例以 6∶4 为宜。

3. 加强防寒保暖、防暑降温

羔羊对冬季寒冷的气候环境的抵抗力较差，能量主要用于维持消耗，增重速度慢，可采取暖棚育肥的方法育肥。在夏季气温较高时，羔羊采食量减少，影响增重速度，可采取通风、降低饲养密度等方法解决。

第五节　影响育肥效果的因素

一、品种差异

最适于育肥的肉羊品种应具备早熟性好、体重大、生长速度快、繁殖率高、肉用性能好、抗病力强等特征。但我国缺乏肉用性能突出的专门化肉羊品种，各地应根据当地自然环境、品种特性、饲养管理方式等情况，有针对性地引进优秀肉羊品种进行杂交，确定最佳的杂交组合以提高肉羊生产效率。

二、个体差异

育肥羊个体间年龄、膘情等对营养物质的利用和需求量不同，影响育肥效果。

三、育肥技术与管理

如挑选架子羊、分群、驱虫、防疫，科学制定育肥日粮配方等。

杂交羔羊早期断奶直线育肥例证：新疆玛纳斯县（2008 年）对无角陶赛特羊与细毛羊杂交一代羔羊运用早期断奶直线育肥技术（60d 断奶，120d 出栏）与传统方法育肥羔羊比较，直线育肥羔羊春季出栏比传统育肥秋季出栏每只羔羊增收 146 元，效果十分显著（表 9 – 12、表 9 – 13、表 9 – 14、表 9 – 15）。

表9-12 羔羊早期断奶直线育肥精料配方 （单位:%）

适用羊别	玉米	黄豆饼	鱼粉	酵母粉	葵粕	棉粕	麦麸	石粉	碳酸氢钙	矿物质	食盐	碳酸氢钠
0~60	63.5	12	2.0		13.0		3	2.0	1.5	1	2.0	
0~60	60.0	18	1.0		9.0	3.0	4	1.3	1.0	1	0.7	1
0~60	58.5	25		3.5	3.5	3.5	4				1.0	1
60~120	61.0	20	0.5		4.0	4.0	5	1.5	1.0	1	1.0	1
60~120	55.0	15		2.0	14.0	5.0	7				1.0	1

表9-13 羔羊早期断奶直线育肥日粮组成

项目	4	6	8	10	12	14	16	18	20	30	35	40	45	50
预期日增重（g/d）	300	300	300	300	300	300	300	300	300	300	300	300	300	300
日粮（kg/d）	0.12	0.13	0.16	0.24	0.32	0.4	0.48	0.56	0.64	1.2	1.2	1.4	1.4	1.5
苜蓿干草（g/d）	24	26	32	48	64	80	96	112	128	720	720	840	840	900
精料（g/d）	96	104	128	192	256	320	384	448	512	480	480	560	560	600

表9-14 羔羊早期断奶直线育肥日粮增重效果

项目	出生	哺乳期					育肥期				
		10	20	30	40	50	60	70	90	110	120
体重范围（kg）	3.8	6.8	9.2	11.2	13~18	16.6~24.5	21~26	23~24	25~41	33~49	36~52
体重（kg）	4.3	7.61	9.89	12.72	15.78	19.06	22.61	24.64	30.84	37.26	43.94
增重（g）		331	228	283	306	328	355	203	310	321	334
精料采食量（g）		11.2	43	197	260	350	500	512	550	600	600
粗料采食量（g）		少量	少量	50	60	100	150	150	230	450	480

表9-15 羔羊不同培育方式生产性能和经济效益（单位：kg，元）

培育方式	生产性能		产值	成本		分摊母羊成本	其他费用	效益
	60d	120d		培育费	放牧费			
早期断奶直线育肥	22.6	43.9	915	139		500	40	236
传统培育秋季出栏	16.2	23.2	540	60	20	350	20	90

第十章 粪便无害化处理及污染源控制技术

传统的畜牧业生产是以家庭饲养为主，饲养数量少，产生的粪便就地利用，是有机肥的重要来源。随着畜牧业标准化、集约化、规模化的发展，产生大量的牲畜粪尿、污水和恶臭气体，对水体、土壤、大气和人体健康及生态环境造成了直接或间接的影响。粪便的无害化处理及污染源控制已成为目前亟待解决的问题，对实现经济、社会、生态协调可持续发展具有重要的意义。

第一节 羊粪便的处理、利用和污染控制

一、羊粪处理方法

（一）发酵处理

即利用各种微生物分解粪中有机成分，有效的提高有机物质的利用率。

1. 充氧动态发酵

在适宜的温度、湿度以及供氧充足的条件下，好气菌迅速繁殖，将粪中的有机物质分解成易被消化吸收的物质，同时释放出硫化氢、氨等气体。在 45 ~ 55℃条件下处理 12h 左右，可生产出优质有机肥料和再生饲料。

2. 堆肥发酵处理

指富含氮有机物的畜粪与富含碳有机物的秸秆等，在好氧、嗜热性微生物的作用下转化为腐殖质、微生物及有机残渣的过程。堆肥过程产生的高温（50 ~ 70℃），可使病原微生物和寄生虫卵死亡。经过高温处理的粪便呈黑色、松软、无臭味，卫生、无害。

3. 沼气发酵处理

为厌氧发酵过程，可直接对粪水处理。其优点是产出的沼气是一种高热值可燃气体，沼渣是很好的肥料。经过处理的干沼渣还可作饲料。

（二）干燥处理

1. 脱水干燥处理

经过脱水干燥，使其中的含水量降低到15%以下，抑制羊粪中微生物活动，减少养分损失，便于包装运输。

2. 高温快速干燥

采用高温快速干燥设备（如回转圆筒烘干炉等）可在短时间（10min左右）内将羊粪迅速干燥至含水率10%～15%的干粪。

二、羊粪便的利用

1. 直接用作肥料

施肥前了解土壤类型、成分及作物种类，确定合理的作物养分需要量，计算出羊粪施用量。

2. 生产复合肥

羊粪经发酵、烘干，然后与无机肥配置成复合肥。复合肥松软、易拌、无臭味，且施肥后不再发酵。

三、羊粪的污染控制

（一）推广合理饲料配方

按照可消化氨基酸含量理想蛋白质模型，配制平衡日粮，提高饲料的转化率，使营养素排出减少，减轻对环境的污染。进一步完善添加剂的使用和检测法规，研究和生产新型无害添加剂。

（二）推广生态养殖体系

按照生态学原理，建立生态工程处理系统，以农牧结合、果木结合、渔牧结合等多种形式实现对动物排泄物多级循环利用。粪尿进行厌氧发酵生产沼气，或通过分离器或沉淀池将固体厩肥与液体厩肥分离，达到净化环境和获得生物能源的目的。

第二节　其他污染源的控制

一、污水的控制

污水中可能含有有害物质和病原微生物，如不经过处理，任意排放，将污染地表水和地下水，直接影响居民生活用水的质量，甚至造成疫病的传播，危害人、畜健康。污水的处理分为物理处理法、化学处理法和生物处理法 3 种。

（一）物理处理法

也称机械处理法，是污水的预处理，是去除可沉淀或上浮的固体物，减轻二级处理的负荷。常用的处理方法是筛滤、隔油、沉淀等机械处理方法。

（二）生物处理法

是利用自然界的大量微生物氧化分解有机物的能力，除去废水中呈胶体状态的有机污染物质，使其转化为稳定、无害的低分子水溶性物质、低分子气体和无机盐。

（三）化学处理法

经过生物处理后的污水一般还含有大量的菌类，需经消毒药物处理。常用的方法是氯化消毒，将液态氯转变为气体，通过消毒池，可杀死 99% 以上的有害细菌，也可用漂白粉消毒，即每 1 000L 水中加有效氯 0.5kg。

二、空气的控制

空气消毒方法有物理消毒法和化学消毒法。物理消毒法常用的有通风和紫外线照射两种方法。通风可减少室内空气中微生物的数量，但不能杀死微生物；紫外线照射可杀灭空气中的病原微生物。化学消毒法有喷雾和熏蒸两种方法。用于空气化学消毒的化学药品需具有迅速杀灭病原微生物、易溶于水、蒸汽压低等特点，如甲醛、过氧乙酸等。

（一）紫外线照射消毒

紫外线杀菌能力强而且比较稳定，对不同的微生物灭活所需的照射量不同。紫外线灯一般每 $6 \sim 15m^2$ 安装一只，灯管距地面 2.5 ~ 3m，紫外线灯与室内温度 10 ~ 15℃，相对湿度 40% ~ 60% 的环境中使用杀菌效果最好。照射时间不少于 30min。紫外线灯使用 1 400h 后需及时更换。

（二）喷雾消毒

是利用气泵将空气压缩，然后通过器物发生器使稀释的消毒剂形成一定大小的雾化粒子，均匀地悬浮于空气中，以及覆盖被消毒物体表面，达到消毒的目的。喷出的雾粒直径应控制在 80 ~ 120μm，过大易造成喷雾不均匀和圈舍太潮湿，且在空中下降速度太快，与空气中的病原微生物、尘埃接触不充分，起不到消毒空气的作用；雾粒太小则易被牲畜吸入呼吸道诱发疾病。

（三）熏蒸消毒

先将消毒场所彻底清扫、冲洗干净，关闭所有门窗、排气孔，根据消毒空间大小计算消毒药用量，常用消毒药品为福尔马林、高锰酸钾粉、固体甲醛、过氧乙酸等。

第十一章 细毛羊高效生产的 兽医卫生保健技术

第一节 种公羊的兽医卫生保健

一、输精管切除术和阴茎移位术

为了避免试情公羊在试情时与母羊直接交配，同时保持公羊的性欲，可采取输精管切除术和阴茎移位术。

（一）输精管切除术

选择 1~2 岁健康公羊，在 4~5 月手术。因为此时天气凉爽，无蚊蝇叮咬，伤口容易愈合。

手术时公羊左侧位，术部消毒，在睾丸基部触摸精索（有坚实感）找输精管。用拇指和食指捻转捏住，或用食指紧压皮肤，切开皮肤和靶膜，露出输精管，用消毒好的钳子将输精管带出创面，分离结缔组织和血管，剪去 4~5cm 一段输精管。术口撒上抗生素粉剂，缝合伤口。重复另侧输精管切除手术。手术后，由于输精管内残存的精子需要 6 周左右才能完全排净，在这之前要避免公羊接触母羊。试情前最好采一次精，检查精液中有无精子，否则不能作为试情公羊使用。

（二）阴茎移位术

通过手术剥离阴茎包皮的一部分，然后将其缝合在偏离原位置约 45°角的腹壁上，待切口愈合形成瘢痕即可用于试情。

二、公羊配种期间的卫生保健技术

1. 采精时为防止生殖系统传染病，最好每只公羊使用固定的假阴道，编上号，防止混淆。假阴道内胎使用后清洗、酒精擦拭消毒备用，下次使用时只用生理盐水冲洗即可。

2. 温度对采集种公羊精液量、精液品质有很大的影响。以水温 52~55℃，水量 150~180ml，假阴道内温度 39~42℃为宜。温度过高，会烫伤阴茎，造成再次采精时公羊阴茎出不来养成恶癖，造成公羊爬跨而不出阴茎，未爬跨就射精；温度过低，公羊反复爬跨而不射精，极为劳累，日久易养成爬跨多次才射精的怪癖。

3. 压力对采精也有直接的影响。注入温水，吹气后假阴道内胎呈三角形皱褶合拢而不外鼓为适度。压力过小，公羊阴茎插入多次抽动而不射精。压力过大，公羊有射精动作而未射精，或跳下后把精液排在假阴道口或地上。

4. 对假阴道采用涂稀释液或凡士林润滑，对顺利采精有一定的作用。同时使集精杯顺利套入假阴道内，提高假阴道内胎的使用次数。

5. 采精前清理台羊臀部，以防采精时损伤公羊阴茎，清理公羊腹部污物，以免污染精液。当公羊爬上母羊背时，迅速用左手轻托阴茎包皮把阴茎导入假阴道中，保持假阴道与阴茎呈一直线。不可用手直接抓阴茎造成阴茎损伤。

6. 配种期间公羊好斗，防止公羊斗架。经常检查公羊的包皮、头部等部位，防止生蛆。

第二节　妊娠母羊的兽医卫生保健

一、流产

指在妊娠期间因胎儿与母体的正常关系受到破坏而使妊娠中断的病理现象。流产可以发生在妊娠的各个阶段，但以妊娠早期较常见。

（一）病因

1. 传染性流产

由传染病和寄生虫病引起。如布氏杆菌病、胎毛滴虫病等。

2. 非传染性流产

由胎膜异常（多为近亲繁殖引起）、子宫畸形、肺炎、营养代谢障碍病、外科病、饲喂冰冻、发霉饲料和拥挤等引起。

（二）预防

1. 日粮中营养成分要充分考虑母羊和胎儿的需要。严禁饲喂冰冻、霉变或有毒饲料，防止饥饿、过渴、过食、暴饮。

2. 适当运动，防止挤压碰撞、跌摔、鞭打惊吓、追赶猛跑。

3. 合理选配，防止近亲交配和偷配。做好母羊配种记录。

4. 人工授精、妊娠诊断、直肠和阴道检查要严格遵守操作规程。定期检疫、预防接种、驱虫和消毒。

5. 发生流产时，首先进行隔离消毒，以防传染性流产的发生。

二、阴道脱出

阴道部分或全部外翻脱出阴门外，阴道黏膜暴露在外面，引起阴道黏膜充血、发炎，甚至形成溃疡或坏死的疾病。常发生在妊娠后期和产后。

（一）病因

1. 日粮中缺乏常量元素和微量元素，运动不足、阴道损伤及年老体弱等，固定阴道的结缔组织松弛是主要原因。

2. 瘤胃臌气、便秘、腹泻、阴道炎，分娩或胎衣不下时努责、阵缩，使腹内压增加是诱因。

（二）预防

加强饲养管理，保证饲料的质量。保持足够的运动，增强子宫肌肉的张力；胎衣不下时不要强行拉出；产道干燥时产道内涂灌大量的油类防止阴道脱出。

三、子宫内膜炎

是母羊常见的子宫黏膜的炎症，是导致不育的重要原因之一。

（一）病因

人工授精及阴道检查时消毒不严，难产、胎衣不下，子宫脱出及产道损伤后，细菌侵入而引起。布氏杆菌病、副伤寒等也常并发子宫内膜炎。

（二）预防

在临产和产后，应对阴门及其周围消毒，保持产房和圈舍的清洁卫生。人工授精及阴道检查时，应注意器械、术者手臂和外生殖器的消毒。助产和胎衣不下的治疗要及时、正确，以防损伤和感染。

第三节　母羊围产期的兽医卫生保健

一、胎衣不下

又称胎膜停滞，指分娩后不能在正常时间内将胎膜完全排出。一般绵羊排出胎衣的时间大约在分娩后 4h。

1. 病因

日粮中钙、镁、磷比例不当，运动不足，消瘦或肥胖，使产后子宫收缩无力；感染布氏杆菌病等，维生素 A 缺乏，发生子宫或胎膜炎症，使胎儿胎盘与母体胎盘难以分离；分娩时外界环境的干扰引起应激反应，抑制了子宫的正常收缩。

2. 预防

加强饲养管理，注意日粮中钙、磷、维生素 A 和维生素 D 的补充，增加妊娠母羊的运动，做好布氏杆菌病、结核病等防治工作，分娩时保持环境卫生和安静。

二、难产

指在分娩过程中，胎儿不能顺利地娩出。是产科常见病、多发病。绵羊正常分娩时间为 1.5h，若助产不及时或助产不当，可引起母羊生殖器官疾病，甚至胎儿或母子死亡。

（一）病因

妊娠母羊营养不良、疾病、疲劳、分娩时外界因素的干扰等，使母羊产力减弱或不足；初产母羊生长发育不良，体型小，或过肥，早配，或偷配；运动不足；骨盆畸形，子宫颈、阴道、阴门的瘢痕、粘连，以及发育不良使产道狭窄和变形；胎儿畸形、过大、胎位不正使胎儿难以通过产道。

（二）预防

1. 改善母羊的饲养管理。根据母羊的特点，配制合理的日粮，注意维生素、微量元素的补给。适当运动，分娩时保持安静，防止干扰。

实时进行临产检查。临产检查应在母羊开始努责到胎囊露出或排出胎水期间进行，不能检查过早或过迟。

2. 及时治疗母羊疾病，特别是阴道和子宫疾病的治疗。

三、乳房炎

由多种病因引起的乳房炎症。特点是乳汁发生理化性质和细菌学变化，乳腺组织发生病理学变化。多发生于泌乳期母羊。

（一）病因

摩擦、挤压、碰撞、刺划、挤奶方法不当，圈舍、用具不卫生，泌乳期精料或多汁饲料过多是主要原因。布氏杆菌病、结核病也常并发乳房炎。

（二）预防

1. 加强饲养管理

分娩前如乳房过度肿胀，应减少精料和多汁饲料喂量；产奶多而羔羊吃不完时，可减少精料或人工将奶挤出。

2. 搞好卫生检疫

定期清扫消毒圈舍，保持干燥、卫生。挤奶时用温水洗净乳房和乳头，用0.05％新洁尔灭浸泡或擦拭乳头。病羊隔离饲养，单独挤乳，积极治疗，防止扩散。

四、缺乳和无乳

指在泌乳期中没有局部症状的乳腺机能减退所致的泌乳量减少甚至缺乳。多发生于初产母羊或老龄母羊，以缺乳多见。

（一）病因

乳腺发育不良，老龄母羊乳腺萎缩；精料及多汁饲料不足，特别是蛋白质缺乏引起的营养不良；热性疾病、慢性消耗性疾病和全身性疾病；惊吓、寒冷、炎热、不正确的挤乳等造成泌乳机能干扰等。

（二）预防

加强饲养管理，母羊给予优质干草，适当补充蛋白质和青绿多汁饲料；做好圈舍的防寒保暖、防暑；定时挤奶，挤奶前对乳房进行热敷、按摩；对原发病积极防治。

第四节　哺乳羔羊的兽医卫生保健

一、羔羊窒息

羔羊刚出生呼吸发生障碍或完全停止，而心脏还在搏动，称为羔羊窒息或假死。

（一）病因

母羊产道干燥、狭窄，胎儿过大，胎位不正等，使胎儿不能及时产出而停滞于产道；骨盆前置，脐带自身缠绕，使胎盘血液循环受阻；母羊高热、贫血、大出血等，使胎盘过早脱离母体；羊膜未及时破裂造成胎儿严重缺氧，刺激胎儿过早发生呼吸反射，致使羊水被胎儿吸入呼吸道等。

（二）预防

加强妊娠母羊饲养管理，适当运动，增强体质，促进血液循环。正确助产，减少难产，缩短分娩时间。

二、羔羊便秘

指胎儿胃肠道黏液、脱落上皮、胆汁及吞咽的羊水等消化残物所形成的胎粪，在羔羊出生后 1d 不排胎粪，并伴有腹痛现象。多发生于体弱的羔羊，胎粪常密结在直肠或小肠等部位。

（一）病因

初生羔羊未及时哺喂初乳，母羊无乳或缺乳，羔羊体弱都可使羔羊哺乳初乳不足引起羔羊肠道迟缓，胎粪不能及时排出。

（二）预防

羔羊出生后及时哺喂初乳。母羊缺乳或无乳时，及早治疗并寄养羔羊。加强羔羊、特别是体弱羔羊的护理。加强母羊饲养管理，提高初乳的品质和数量。

三、羔羊大肠杆菌病

又称羔羊白痢，由致病性大肠杆菌引起的羔羊急性传染病，其特征是呈现剧烈的下痢和败血症，病羊常排出白色稀粪。多发生于 6 周龄以内的羔羊，呈地方流行性或散发，冬春舍饲期间多发。

（一）病因

气候不良、营养不足、圈舍潮湿污秽是主要原因。

（二）预防

加强妊娠母羊的饲养管理，确保羔羊健壮、抗病力强。改善圈舍的环境卫生，定期消毒，特别是产羔前后羊舍彻底消毒。产羔房要保暖，初生羔羊尽早吃到初乳。

四、羔羊痢疾

是由 B 型魏氏梭菌引起的初生羔羊的一种急性传染病。以剧烈腹泻和小肠发生溃疡为特征。主要发生在 7d 内的羔羊，其中，以 2～3d 羔羊多发。主要经消化道感染，也可通过脐带或创伤感染。

（一）病因

妊娠母羊营养不良，羔羊体质弱，受冷，哺乳不当，饥饱不均时很容易诱发此病。

（二）预防

妊娠期母羊保持良好的体质，产后圈舍保暖、干燥，防止羔羊受凉。做好圈舍及用具的消毒。产前剪去母羊乳房周围的污毛，保证乳房清洁，羔羊发病时及时隔离，产前 20d 和 10d 注射疫苗。

五、白肌病

又称肌营养性不良症，一般在冬春发病率较高，对 2～6 周龄羔羊危害严重。

以骨骼肌、心肌受损最为严重，引起运动障碍和急性心肌坏死。

（一）病因

主要是由于饲料中缺乏足够的硒和维生素 E 引起。饲料保存不当，高温、湿度过大，雨淋或暴晒，存放过久，维生素 E 被分解破坏。缺硒地区发病率很高，呈区域性分布。

（二）预防

母羊妊娠后期注射亚硒酸钠 4～6mg，预防该病；羔羊生后 20h，肌肉注射 0.2% 亚硒酸钠溶液 1ml，20d 后再注射 1.5ml。

六、羊口疮

又称传染性脓包病，是由口疮病毒引起的传染病。特征为口唇等部位皮肤和黏膜形成丘疹、脓包、溃疡和结成疣状厚痂。病羊和其他带毒动物为传染源，皮肤或黏膜擦伤为主要传染途径，多发生于秋季，以 3～6 月龄羔羊多发，常见于群发。

（一）病因

饲草料粗、硬，含有芒刺或异物，日粮中缺少微量元素产生异食癖等造成羔羊口腔黏膜损伤，病羊和购入羊隔离、消毒不当造成传染。

（二）预防

清除饲草料或垫料中的芒刺和异物，饲草料要经过粉碎、切短、浸泡等减少对口腔黏膜的损伤。补饲食盐、舔食砖等，以减少啃土、啃墙现象发生。病羊及时隔离治疗，购入羊隔离检查并消毒。

第五节　育肥羊的兽医卫生保健

一、棉酚中毒

（一）病因

棉籽、棉叶及其副产品棉饼中含有棉酚等有毒物质。棉酚在体内排泄缓慢，有蓄积作用。用未经去毒处理的棉叶或棉酚作饲料时，一次大量或长期饲喂均可能引起中毒。

（二）预防

用棉饼作饲料应煮沸 2h 以上，或加水发酵，减少毒性。喂量不要超过饲料总量的 20%。喂几周后应停喂 1 周，然后再喂。禁止用发霉变质的棉饼和棉叶作饲料。

二、尿结石

是公羊的一种代谢性结石症，尿道内形成矿物质结石，致使输尿管阻塞，少尿或无尿，腹部鼓胀，腹腔或腹部皮下积尿，尿道内出现结石。临床表现以尿潴留及膀胱破裂为特征。

（一）病因

1. 育肥羔羊日粮中加入 80% 以上精料如玉米、棉饼、麸皮、高粱等造成尿中磷酸盐和低分子肽含量过高。

2. 饲料中钙与磷比例不当或磷与镁的含量过高，影响钙的吸收。

3. 育肥期羔羊运动不足，饮水不足，造成排尿量减少。

（二）预防

1. 以谷物精料为主要日粮的育肥场，应在育肥开始时在饲料中添加 1% 的绵羊防尿结石专用添加剂至出栏。

2. 在配制育肥羊饲料时，应注意饲料中钙与磷的比例不能低于 2：1。常发育肥场应控制麸皮、次粉等高磷饲料的用量，适当添加苜蓿粉，或精料中加入小苏打（小苏打添加量占混合精料的 1.5% ~ 2%），并给予充足清洁的饮水。

3. 育肥场内应设运动场以保证羔羊每天运动 2 ~ 3h。

第十二章　细毛羊常见病的防治

一、口蹄疫

是偶蹄动物的一种急性、热性、高度接触性传染病。特征为口腔黏膜、蹄叉和乳房皮肤发生水疱。

（一）流行病学

自然情况下，牛最易感，猪次于牛，羊再次之。病毒和潜伏期的带病毒动物是主要传染来源。病毒主要存在于水疱皮、水疱内、血液、病畜的乳汁、尿液、口液、眼泪、粪便中。本病可通过直接接触和间接接触传染，传播途径是消化道、黏膜和破损的皮肤和呼吸道。一般多在春秋两季广泛传播流行。

（二）症状

潜伏期平均 2～4d。体温升高、精神沉郁、闭口、流涎。1～2d 后唇内面、齿龈、舌面发生水疱，流涎增多，采食停止和水疱破裂，形成烂斑，体温降至正常，烂斑逐渐愈合，症状逐渐好转。在口腔发生水疱的同时或稍后，趾间及蹄冠的柔软皮肤上也发生水疱，并很快破溃形成烂斑，然后逐渐愈合。若护理不当，可化解形成溃疡、坏死、甚至蹄匣脱落。有时乳头上也有水疱。

绵羊水疱多见于蹄部，山羊在口腔和蹄部均有病变，羔羊主要表现出血性胃肠炎和心肌炎。

（三）防治

平时积极预防，加强检疫，定期注射口蹄疫疫苗。若发生口蹄疫疫病时，及时确诊，并向上级机关部门提出疫情报告，同时在疫区严格实施封锁、隔离、消毒、治疗综合措施。在病畜群中的假定健康、疫区和受威胁的其他病畜进行紧急预防注射。注射疫苗后 14d 产生免疫力，免疫期 4～6 个月。疫区封锁必须在最后一头病畜痊愈，死亡或急宰后 14d，经过全面消毒才能解除。

二、布氏杆菌病

是由布氏杆菌所引起人畜共患的一种慢性传染病。主要侵害生殖系统，以母畜发生流产和公畜发生睾丸炎为特征。

（一）流行病学

一般情况下，母畜较公畜易感性大，成年家畜较幼畜易感性高。布氏杆菌主要存在于子宫、胎膜、乳腺、睾丸和关节囊等处，除不定期地随乳汁、精液、脓汁排出外，主要是在母畜流产后大量随胎儿、胎衣、羊水、子宫阴道分泌物以及乳汁等排出体外。因此，产仔季节以及畜群大批发生流产时，是本病大规模传播的时期。

病畜是本病的传染来源。一般由于直接接触（如交配）或通过污染的饲料、饮水、土壤、用具、昆虫等媒介间接传染。感染途径主要是消化道，其次是生殖道、皮肤、黏膜。

畜群感染此病后，首先少数孕畜流产，以后逐渐增多，常产出死胎和弱胎。多数患病母畜只流产一次，流产两次的很少。随着流产的发生，陆续出现胎衣不下、子宫炎、乳房炎、关节炎、支气管炎、局部脓肿以及公畜睾丸炎等症状和病例。在流产高潮过后，流产率逐渐降低甚至停止。经过 2~4 年，症状和病例可能逐步消失，或仅有少数病例为有后遗症。但畜群中仍有隐性病例长期存在。

（二）症状

多数病例为隐性传染，症状不明显。部分病畜呈现关节炎、滑液囊炎及腱鞘炎，通常是个别关节（特别是膝关节和腕关节），偶尔见多数关节肿胀疼痛，呈现跛行，严重者导致关节硬化和骨、关节变形。

怀孕母畜流产是本病主要症状。羊多发生在怀孕后 3~4 个月。流产前精神沉郁，食欲减退，起卧不安，阴唇和乳房肿胀，阴道潮红、水肿，自阴道流出灰黄或红褐色黏液或黏液脓性分泌物，不久发生流产。流产胎儿多为死胎，生出弱胎也往往于生后 1~2d 死亡。

公畜除侵害关节外，往往侵害生殖器官，发生睾丸炎、睾丸肿大、阴囊增厚硬化、性机能降低，甚至不能配种。

（三）诊断

本病的流行特点、临床症状、病理解剖均无明显特征，只能作为初步诊断的参考。因此确诊本病有待于细菌学、血清学和变态反应诊断。

（四）防治

主要是保护健康畜群、消灭疫区的布氏杆菌病和培育健康幼畜。

1. 加强检疫

尽量做到自繁自养，不从外地购买家畜。新购入家畜必须隔离观察 1 个月，并做 2 次布病检疫，确认健康后再合群。配种前公畜必须检疫，布病常发区每年需定期进行 2 次检疫，检出的病畜及时淘汰屠宰（肉煮熟或高温处理后利用）。

2. 定期免疫

3. 严格消毒

对病畜污染的圈舍、运动场、饲槽和其他用具，用5%来苏尔、10%～20%石灰乳、2%氢氧化钠溶液等消毒。流产胎儿、胎衣、羊水及产道分泌物等妥善消毒处理，粪便发酵处理，皮张用3%～5%来苏尔浸泡24h后利用。

三、肠毒血症

又名软肾症或过食症，主要是绵羊的一种急性传染病，其特征为腹泻、惊厥、麻痹和突然死亡。剖检肾脏软化如泥。

（一）流行病学

绵羊较为敏感。以4～12周龄哺乳羔羊多发。呈地方流行或散发，具有明显的季节性和条件性，多在春末夏初或秋末冬初发生。在牧区由缺草或枯草的草场转至牧草丰盛的草场，羊只采食过多；肥羔羊喂高蛋白精料过多；多雨季节、气候骤变，地势低洼都易诱发本病。

（二）症状

病程缓慢呈现兴奋不安，空嚼、咬牙、啃食异物，头向后倾或斜向一侧，做绕圈运动；或头下垂抵靠墙壁等；或行走不稳，侧身卧地，口吐白沫，腿蹄乱蹬，全身肌肉战栗。一般体温不高，但常有绿色黏糊状腹泻，在昏迷中死亡。

（三）诊断

根据健康、营养良好的状况，短促的病程和死后剖检特症性病变可做出初步诊断。

（四）防治

加强饲养管理，注意过食，精、粗、青料搭配，合理运动。发病季节前注射三联四防苗，对尚未发羊只，可作紧急预防注射。

四、羊痘

由病毒引起的急性、热性、接触性传染病。特征为皮肤和黏膜发生血淤和水泡，以春秋两季常发，饲养管理不善，羊只拥挤和羊瘦弱机体抵抗力降低可促进羊痘的发生和流行。

（一）症状

病初体温升高，精神沉郁，呼吸急促，眼鼻有分泌物。1～2d后在无毛或少毛部位，如眼、唇、鼻、尾下和腿内侧等处出现圆形红斑（蔷薇斑）。后凸出于皮肤表面成为苍白色坚实结节（丘疹），经2～3d，丘疹内出现淡黄色透明的液体，形成水疱，后形成脓包，再形成痂皮，7d左右，痂皮脱落痊愈。病程约3～

4 周，如不及时治疗，引起瘦弱羊和羔羊死亡。

（二）防治

定期预防接种羊痘疫苗。尾部或腿内侧皮下注射 0.1ml，免疫期一年。

对症治疗。皮肤上的痘疮涂以碘酊；为防止并发症，可用抗菌素和磺胺药物。

五、破伤风

破伤风又叫强直症，是一种经创伤感染的人、畜共患的中毒性传染病。病原是破伤风杆菌，存在于土壤和粪便中，能形成有很强抵抗力的芽孢。该病常因外伤、去势、断尾、分娩或断脐时消毒不严而感染，潜伏期一般为 1~3 周，流行呈散发性，一年四季均可发生。

（一）症状

病羊全身呆滞强直，头部向后弯曲，四肢显著僵硬，也有的腹泻和鼓胀，母羊多发生在产死胎或胎衣停滞之后，故称为产后强直症。小羔羊发生于脐带感染、断尾、去势之后。初发病时行动迟缓、步样不稳，牙关紧闭，吮乳困难，甚至继发急性肠炎、腹泻，最后死亡。成年羊死亡率较低，羔羊死亡率则达 95%~100%。

（二）预防

避免发生创伤，发生创伤及时治疗。清除羊舍与运动场的铁钉、铁丝等尖利物品。接产、断尾、去势等外科手术前一个月左右应注射破伤风类毒素，或定期进行预防注射。优秀种公羊剪毛前，应注射破伤风抗毒素血清。

（三）治疗

1. 伤口用消毒液洗净后涂上 10% 的浓碘酊，彻底消灭病原。

2. 注射破伤风抗毒素，成年羊 5 万~10 万单位，羔羊 2 万~5 万单位。

3. 病初可使用大剂量青霉素治疗。

4. 一次静脉注射 40% 乌洛托品 20ml。解痉可用盐酸氯丙嗪，做肌肉注射，每千克体重 2mg。或用 20% 硫酸镁，每次 20ml，静脉滴注。

5. 用中药蔓荆子、胆南星、白附子、姜活、僵蚕、乌蛇、全蝎各 5g，当归、天麻各 10g，麻黄、细辛各 15g，蜈蚣 2 条研末，温水冲后灌服。

六、疥癣病

俗称羊癞。由羊外部寄生虫螨寄生而引起的皮肤骚痒为特征、传染性较广的疾病。

（一）症状

病初表现发痒，靠墙、饲槽摩擦，或啃咬患部。被毛先潮湿后松乱，皮肤出现小疙瘩、水疱和溃烂，后形成干痂，皮肤增厚，绒毛脱落。逐渐消瘦，体质衰弱，脱毛部位逐渐扩大，如不及时治疗可引起死亡。

（二）预防和治疗

发现病羊应严格隔离，圈舍和用具用 500ml 螨净 250 乳化剂加 5kg 水清洗。防止进一步扩散，保持圈舍干燥通风，用 20% 石灰乳粉刷圈舍墙壁。

每年羊剪毛之后 10~15d 和秋季药浴两次，1kg 螨净 250 乳化剂加水 1 000kg 水，冬季不便药浴，可用阿维菌素、伊维菌素针剂注射效果较好。（每千克体重 0.2mg，即每 50g 体重 1ml，皮下注射，宰前 21d 停止用药）。

七、羔羊肺炎

本病是多种病原混合感染或继发感染引起的一种呼吸道疾病，以发热、鼻漏、呼吸困难和肺化脓性、出血性、纤维素性炎症为特征，是围栏育肥羔羊和山区农牧场羔羊死亡率最高的疾病，由于直接死亡、掉膘、生长不良、治疗费用加大而造成较大的经济损失。

（一）病因

本病是由原发性感染、继发感染、营养性因素、环境应激等多种致病因素互相作用引起。据调查，在新疆农区与牧区引起羔羊肺炎的主要病因为以下几个方面。

1. 原发性感染

主要有多杀性或溶血性巴氏杆菌、胸膜肺炎支原体、肺炎链球菌感染等。

2. 继发性感染

由于草料缺乏造成母羊体质弱，长期营养不良，消瘦，恶劣寒冷的气候影响，长途运输，某些疾病造成绵羊抵抗力减弱。常见的继发性感染疾病如羔羊腹泻、口膜炎、羊痘、上呼吸道感染等。

（二）诊断要点

各类肺炎的共同症状均表现发热（39.7~41℃）、流脓性鼻液、呼吸困难并伴有咳嗽。

1. 出血性败血症

病羊未出现明显的症状而死亡，病程较短，剖检可见肺出血。从心、肺组织图片镜检可见大量纺锤状两端浓染的巴氏杆菌。

本病多发生于转入育肥场的羔羊，经长途运输的绵羊及妊娠母羊。死亡羊只多数体况良好。

2. 胸膜肺炎

病羊营养不良、消瘦，表现明显的精神沉郁，腹式呼吸，喘气而咳嗽，病程较长（1~2周），死亡羊只多数表现胸膜粘连，胸腔内含有大量纤维素性分泌物。肺部可见局限性化脓性病灶，受损的肺呈灰紫色、坚硬，肺叶与肋骨粘连。本病常发生于营养不良的当年羔羊。

3. 纤维素性肺炎

主要发生于3周龄内的羔羊，以山区牧场多发，羔羊缺奶、维生素C缺乏、上呼吸道黏膜受寒冷刺激、圈舍潮湿、卫生不良等诱发。

4. 肝肺坏死杆菌病

主要继发于羔羊口膜炎、羔羊痘，病羔羊除口腔黏膜出现原发性病灶外，病死羔羊在肝、肺表现局限性化脓性病灶。此种病型常发生于流行性口膜炎或羊痘的羔羊群中。

（三）防制

1. 消除各种不良诱因，减少应激的有害作用，改善饲养管理条件，是预防各类肺炎发生的首要措施。

2. 控制继发感染　在患病羔羊腹泻、口膜炎、羊痘等病或受凉感冒时，除采取相应措施外，应及时用磺胺、青霉素、特效米先进行治疗。

3. 提高抗病力　加强羔羊补饲，补充维生素C，缺乳羔羊及时人工喂服全营养抗病代乳品。

八、口膜炎

（一）症状

主要危害羔羊。潜伏期为4~7d，传染迅速，病羊首先在口角、口唇周围皮肤和鼻镜上发生小红斑，很快形成水泡、脓泡，后脓泡破裂溃烂，变成黄褐色结痂。轻者痂皮扩大，增厚，干燥、脱落，经1~2周后自愈合；严重者脓泡破溃后，相互连接融合，传染到上下口唇和鼻镜周围，出现出血的厚硬痂皮和肿胀，口腔内齿龈红肿，溃烂，使羔羊不能吃奶、采食，日渐消瘦，若不及时治疗，会因饥饿而死亡。

病羔吃奶时将口疮传染给母羊，引进母羊乳头肿胀疼痛，不能给羔羊哺乳。

（二）预防

羔羊应选择适口性好，质地柔软的饲草料，精料如玉米、豆类等在喂前要磨碎加水浸软。圈舍内垫草不用带刺和粗硬的草。

发病羔羊隔离饲养。圈舍、用具用20%生石灰或2% NaOH喷洒消毒，防止疾病蔓延。

（三）治疗

轻度病羔，用2%～3%来苏尔清洗患部消毒，除掉结痂，用2%～3%碘甘油涂抹患处。严重病羔，除上述方法外，再用硫酸铜擦抹，再涂碘甘油（重度病羔，切掉溃烂患部，直到露鲜肉流血为止，用硫酸铜腐蚀，再涂）。

九、棉叶和棉饼中毒

棉叶、棉壳、棉饼中含有棉酚等有害物质，羊只吃了以后在体内排泄缓慢，有蓄积作用。因此，用未做去毒处理的棉壳、棉饼作饲料时，一次大量喂给或长期饲喂均能引起中毒，饲料中蛋白质和微量元素、维生素缺乏可诱发中毒。妊娠母畜还会发生流产和难产。

（一）症状

精神沉郁，行动困难，摇摆，常跌倒，眼结膜充血，视觉障碍失明，食欲降低或不采食，便秘，粪球干小并常带黏液或血。羔羊常表现胃肠炎，呼吸急促，常有咳嗽、流鼻涕，饮水次数增多，但尿量少，或排尿困难，常出现血尿，或血红蛋白尿。严重者开始沉郁或兴奋，呻吟磨牙，肌肉震颤，常有腹泻现象。

（二）预防

发现症状立即停喂，产前母羊不喂棉壳、棉叶，育肥羊应严格控制饲喂量。喂前应用硫酸亚铁或作脱毒处理。如0.12%～0.2%硫酸亚铁溶液（或2%的碳酸氢钠）浸泡棉籽饼24h后用水冲洗；或将硫酸亚铁按0.3～0.4%比例加棉籽饼（壳）饲喂。

（三）注意事项

1. 饲喂全价饲料，当饲料营养全面时，羊对棉酚耐受力增强。因此注意维生素A、维生素D、维生素E和石粉补充，棉籽饼最好与豆饼、鱼粉等蛋白质饲料混合应用，以防中毒。

2. 限制喂量

绵羊每天棉籽用量不能超过0.5kg，最好脱毒后饲喂，饲料中添加维生素A、维生素D、维生素E粉和钙粉。孕畜和幼畜禁喂棉籽饼或棉籽壳。

3. 脱毒

处理后饲喂：①加热减毒法（物理方法）棉籽饼（壳）粉了再喂或加热蒸煮1h后再喂；②加铁去毒法（化学法）见上。

十、有机磷农药中毒

有机磷农药是目前广泛使用的农业杀虫剂，也是引起家畜中毒的主要农药。

（一）病因

误食喷洒有机磷农药的青草或庄稼，误饮被有机磷农药污染的饮水，误用配制农药的容器，当作饲槽或水桶来喂饮家畜，滥用农药驱虫等。

（二）症状

中毒症状因中毒量的多少、中毒途径和农药品种不同而有差异，大量口服者可在5min内出现症状，多数在12h内出现。

轻度中毒：呈现流涎、呕吐、出汗、腹泻，有时大便带血，瞳孔缩小，可视黏膜发绀，呼吸困难。

中度中毒：除上述症状加重外，全身抽搐、痉挛。

重度中毒：昏迷、抽搐、发热、大小便失禁、全身震颤，病畜突然倒地、瞳孔极度缩小最后死亡。

（三）诊断

根据牲畜接触史，呼出气体、呕吐物或体表有特异的蒜臭味及肌肉颤动、瞳孔缩小及肺水肿等可初步确诊。

（四）治疗

1. 立即脱离中毒环境，清除体表及胃肠道毒物

对体表可用清水及冷肥皂水彻底清洗数遍，但禁用热水或酒精擦洗。误食者（敌百虫等外）可用2%～4%的碳酸氢钠、肥皂水或清水反复洗胃。洗胃后给大量的活性炭，并投服硫酸镁导泻。但对深度昏迷者可改用硫酸钠导泻。眼部沾染者可用2%碳酸氢钠或生理盐水冲洗。

2. 立即用解毒药物

（1）解磷定、氯磷定　用法：每千克体重15～30mg，以生理盐水配成2.5%～5%的溶液，缓慢静脉注射，以后每隔2～3h注射一次，剂量减半，根据症状缓解情况，可在48h内重复注射。

（2）双解磷、双复磷　其用量为解磷定的一半，用法相同。

（3）硫酸阿托品　用法：每千克体重0.25mg，皮下或肌肉注射，中毒严重的可用其1/3量混于糖盐水内缓慢静脉注射，2/3量皮下或肌肉注射，经1h后症状不见减轻时，可减量重复应用，直到出现口腔干燥、停止出汗。

第十三章　高产饲草料栽培技术

第一节　紫花苜蓿

一、品种特性

紫花苜蓿为多年生苜蓿属草本植物。在我国主要种植地区为陕西、甘肃、山西、新疆、江苏、湖南、湖北等省区。株高 60~120cm，高者可达 150cm；千粒重 1.4~2.3g。可用作优质牧草、水土保持、改良土壤、蜜源植物、保健食品和药品。喜温暖半干燥气候，生长的最适温度是 25℃，抗寒能力强，在我国北方冬季 -30℃~-20℃ 的低温条件下一般都能越冬，在有雪覆盖时，气温达 -44℃ 也能安全越冬；抗旱力强，适于在年降水量 300~800mm 的地区生长；对土壤要求不严，除重黏土、极瘠薄的沙土、过酸过碱的土壤及低洼内涝地外，其他土壤均能种植，最为适宜的是沙壤土或壤土。适宜的 pH 值为 7~8，在盐碱地上种植有降低土壤盐分的功能。苜蓿幼苗能在含盐量为 0.3% 的土壤上生长，成年植株可在含盐量 0.4%~0.5% 的土壤上生长。苜蓿在生长期间忌积水，积水 24~48h 就会造成植株死亡。苜蓿高产期 4 年左右，一般生长到第 4~5 年翻耕种植其他作物。

主要品种：新疆培育的品种有新疆大叶苜蓿、北疆苜蓿、新牧 1 号杂花苜蓿、新牧 2 号苜蓿、新牧 3 号杂花苜蓿、阿尔泰杂花苜蓿；国外苜蓿品种阿尔冈金、霍普兰德、三得利、亮牧一号、亮牧二号等。

二、栽培技术

（一）对土壤的要求

紫花苜蓿不耐涝，要选择排水条件良好的平地或岗地，土壤以沙壤土、黏土为宜，切忌盐碱性重的地块。苜蓿种子较小，播种深度较难控制，因此整地要耙细、平，达到地平土碎。其适宜生长土壤 pH 值为 7~8，含可溶性盐 0.3%。

（二）选择品种

首先考虑秋眠性，在北方寒冷地区以种植秋眠性较强、抗旱的品种为宜，另外要考虑纯净度、生活力高的种子。

（三）播种

当气温稳定通过 0℃时即可播种，根据不同的收获要求确定播期方式。采用 24 行播种机条播，用于收草的苜蓿行距 15cm，播种量 0.8 ~ 1.0kg/亩；用于收种的苜蓿行距 45 ~ 60cm，播种量 0.2 ~ 0.5kg/亩（1hm² = 15 亩，1 亩 ≈ 667m²）。因苜蓿种子较小，为使播种均匀，在播种时需添加苜蓿种子量 6 ~ 8 倍的填充物，填充物可选用与苜蓿种粒大小相当的碎玉米、小麦，炒熟的苏丹草、粟、谷子，过筛的牛羊粪等，与苜蓿种子拌匀后播种。

播种深黏土 1.0 ~ 1.5cm，壤土 1.5 ~ 2.5cm。播后镇压一遍。

（四）灌溉和施肥

苜蓿是需水较多的植物，在干旱少雨的灌溉地区，苜蓿和棉、粮、油及其他作物一样，水是保证高产、稳产的关键措施之一。所以，要根据苜蓿地的土壤条件和墒情适时浇水，另外，还要做好夏季的防涝，在夏季雨多时要及时排除田间积水，防止苜蓿遇涝而造成的烂根或死亡。研究报道，在灌溉地区年收草 4 ~ 5 次，干草产量为每亩 1 ~ 1.2t，其耗水量可达 466.7 ~ 533.3m³。

苜蓿种植地区的年降水量以 600 ~ 800mm 最适宜，超过 1 000mm 不适于苜蓿的生长。因此，雨量少的干旱地区进行灌溉才能获得高产。据试验年灌水 4 次，鲜草产量每亩 5.5t。

种肥可施磷酸二铵 5 ~ 10kg/亩，生长第一年为获得高产，在出苗后，浇水前施些氮肥，苜蓿有根瘤菌，第二、第三年一般不施肥。

（五）除草

苜蓿播种的第一年必须下大力气进行除草，几种除草剂配方：12% 收乐通 0.6L/hm²，于苜蓿苗后杂草 3 ~ 4 叶期喷施，可防除 1 年生禾本科杂草。48% 苯达松 2.0L/hm² + 12.5% 拿捕净 1.5L/hm²，于苜蓿苗后杂草 3 ~ 4 叶期喷施。90% 禾耐斯 2.5L/hm²，于苜蓿播后苗前喷施。

（六）收割期

应根据其用途而定苜蓿草的收割时期。不论是青饲还是调制干草或青贮，在现蕾 - 初花期即目测有 10% ~ 20% 开花进行收为最好，因为这个时候不仅产量高，而且单位面积营养物质含量多，适口性也好。用作蔬菜或家禽饲料的应在分枝期前收割。最好采用机械收割，尽量在最短的时间内完成。一年中最后一茬草应在生长停止前 30d 结束收获。以便积累更多的营养物质有利于越冬。

留茬：一般留为 4 ~ 5cm 为宜，最后一茬应适当高一些（7 ~ 8cm 或更高一些），以利于第二年返青和冬季积雪。在类似于乌鲁木齐的气候条件下一年可收 3 ~ 4 茬。

（七）晒制

苜蓿刈割后应摊成行，半干后及时用耙耙成松散的长卷，基本干后（即水分含量为 13%～15% 时），在新疆大约需要在田间晒 12d，拉出地外堆垛或打捆运走。收割晒制好的干草应在棚下存放。

（八）收种

苜蓿一年中第一茬花最多，一般头茬收种。在南疆各地区也有农民用头茬收草，三茬收种。苜蓿开花结实参差不齐，所以种子成熟期也不一致，一般在下部荚果变成黑色，中部变成褐色，上部变成黄色时便可进行收获，每亩产种子 30～50kg。种子产量以第二年至第四年多。割下植株后晒干后再脱粒，脱粒用碌子碾压或用脱粒机脱粒。

第二节　苏丹草

一、品种特性

苏丹草为高粱属一年生禾本科牧草，一年内可多次刈割。我国于 20 世纪 30 年代开始引进，现已作为一种主要的一年生禾草在全国各地广泛栽培。千粒重 10～15g。喜温不耐寒，遇 2～3℃ 气温即受冻害，抗旱力较强，不耐湿，水分过多，易遭受各种病害，尤易感染锈病。对土壤要求不严，只要排水良好，在沙壤土、重黏土、弱酸性和轻度盐渍土上均可种植，而以肥沃的黑钙土、暗栗钙土上生长最好。因其吸肥能力强，过于瘠薄的土壤上生长不良。株高茎细，再生性强，产量高，适于调制干草。茎叶产量高，含糖丰富，尤其是与高粱的杂交种，最适于调制青贮饲料。在旱作区栽培，其价值超过玉米青贮料。苏丹草作为夏季利用的青饲料最有价值。另外，苏丹草用作饲料时，极少有中毒的危险，比高粱玉米都安全。

苏丹草营养价值高，根据有关资料：苏丹草粗蛋白 15.25%，粗脂肪 1.65%，氰氢酸 0.02%，粗纤维 28.81%，水分 6.2%，无氮浸出物 37.13%，灰分 10.96%，钙 0.41%，磷 0.221%。与同类禾本科牧草相比，是目前草食家畜较好的饲草。

二、栽培技术

（一）种子处理

选取粒大、饱满的种子，并在播前进行晒种，打破休眠，提高发芽率。在北方寒冷地区，为确保种子成熟，可采用催芽播种技术，即在播前 1 周，用温水处理种子 6～12h，后在 20～30℃的地方积成堆，盖上塑料布，保持湿润，直到半数以上种子微露嫩芽时播种。

（二）轮作

苏丹草对土壤养分和水分的消耗量很大，是多种作物的不良前作，尤忌连作，故收获后要休闲或种植一年生豆科牧草。玉米、麦类和豆类作物都是其良好的前作，但以多年生豆科牧草或混播牧草为最好。生产中，苏丹草可与豌豆等一年生豆科植物混种。

（三）播种

苏丹草喜肥喜水，播种前应进行秋深翻，并按每亩 1.0～1.5t 施足厩肥。在干旱地区或盐碱地带，为减少土壤水分蒸发和防止盐渍化，也可进行深松或不翻动土层的重耙灭茬，翌年早春及时耙耱或直接开沟于春末播种。多采用条播，干旱地区宜宽行条播，行距 45～50cm，每亩播量 3kg；水分条件好的地区可窄行条播，行距 30cm 左右，每亩播量 4kg，播种深度 4～6cm。播后及时镇压以利出苗。另外，混播可提高草的品质和产量，每亩播种量为 1.5kg 苏丹草及 1.5～3.0kg 豆类种子。也可分期播种，每隔 20～25d 播 1 次，以延长青饲料的利用时间。

（四）田间管理

苏丹草苗期生长慢，不耐杂草，需在苗高 20cm 时开始中耕除草，封垄后则不怕杂草抑制，可视土壤板结情况再中耕 1 次。苏丹草根系强大，需肥量大，尤其是氮磷肥，必须进行追肥。在分蘖、拔节及每次刈割后施肥灌溉，一般每次施 7.5～10.0kg/亩硝酸铵或硫酸铵，附加 10.0～15.0kg/亩过磷酸钙。产量与生长期供水状况密切相关，尤其是抽穗开花期需水较多，应合理灌溉。

（五）收获

青饲苏丹草最好的利用时期是孕穗初期，其营养价值、利用率和适口性都高。若与豆科作物混播，则应在豆科草现蕾时刈割，刈割过晚，豆科草失去再生能力，往往第二茬只留下苏丹草。调制干草以抽穗期为最佳，过迟会降低适口性。青贮用则可推迟到乳熟期。利用苏丹草草地放牧，在草高达 30～40cm 时较好，此时根已扎牢，家畜采食时不易将其拔起。在北方生长季较短的地区，首次刈割不宜过晚，否则第二茬草的产量低。收种用的苏丹草，采种应在穗变黄时及时进行。因苏丹草是风媒花，极易与高粱杂交，故其种子田与高粱田应间隔 400～500m。

三、苏丹草套（混）播关键技术

1. 冬小麦地春季套播苏丹草，是在冬小麦地次年返青后，浇头水前一天或当天人工撒播苏丹草种子 6kg/亩，恰到好处地将苏丹草种子均匀地撒落在麦苗下即可，然后上头水，10d 左右苏丹草小苗露土；春小麦地春季混播苏丹草，是在春季播种春麦的同时播种苏丹草，播种量春小麦 25kg/亩，苏丹草 5kg/亩，搅拌均匀再播种。在麦类生产过程中的管理按照麦类常规管理进行，不用管苏丹草的生长，因在管理麦类的同时，苏丹草也得到相应的管理，6～7 月麦类开始收割，苏丹草 8～10cm，不影响机械收割和冬麦产量。

2. 麦类地套（混）播苏丹草成功与否，要把好 3 个环节，一是麦类收后立即拉麦草出地，最好是边康麦边拉草。及时浇头水，头水适宜期应在收麦后 3d 内进行；二是浇头水浇好浇透，千万不要浇成花羊皮状，否则会影响草质和产量。因康麦因在收麦过程中在麦地中碾压出沟槽，事先不处理好这些沟槽，头水就易随沟而流，既浇不好，又浇不透；三是二水前及时施尿素。

3. 浇二水时施尿素 15kg/亩，头水到二水间隔一般在 8～10d，头水不能施尿素，二水前苏丹草从茎基部重新分蘖出每株 10～20cm 新株芽。二水施肥过后迅速生长，在北疆地区麦类地套（混）播苏丹草麦收后 65d 苏丹草即可收割，均高 2.5m 以上，适时收割期视苏丹草 85% 以上处于孕穗期最佳，收割时用割麦机收割，收割后在地上晾晒，待草含水分 30%～35% 时即可捆拉上垛。

4. 冬小麦与苏丹草套（混）播不影响麦类生长发育，也不影响麦类产量，特别是对新疆广大地区，在不增加耕地的情况下，麦类地套（混）播苏丹草对于发展畜牧业，增加农牧民收入效果明显，适合于新疆大力推广。

第三节 红豆草

一、品种特性

红豆草为多年生三叶草属草本植物，在我国华北、西北、东北、黄河流域和长江流域均有栽种，以陕西、甘肃、山西栽培最多，高 60～80cm，种子千粒重 13～16g，带壳种子重量为 18～26g，硬实率 4%～20%；是家畜优等饲草，各种家畜都很爱吃，可以用于青饲、干草、生态环境保护建植和蜜源植物等，是干旱区一种很有前途的牧草。它最大的优点之一是牲畜食用后不得鼓胀病。

红豆草喜欢干燥，抗旱性强。对土壤要求不严，适宜生长在富含石灰质的土壤上。也能在干燥瘠薄的砂砾土、沙土等土壤上良好生长。但不宜栽培在酸性土、柱状碱土和地下水位高的地区。

二、栽培技术

1. 播种

红豆草一般都带荚播。播前整地宜精细，同时还要放入大量基肥。播种时间春秋皆可，冬季寒冷地区宜春播；冬季较温暖地区宜秋播。不论春播还是秋播，宜早不宜迟。播种量单播收草地 2~5kg/亩，收种地为 1.5kg/亩；行距收草地为 30~45cm，收种地为 45~60cm；播种深度为 4~5cm。

2. 灌溉和除草

该草子叶未出时不能灌溉。如果遇到雨天土壤板结，须及时进行耙地，否则会发生严重缺苗。播后当年生长发育缓慢，容易受杂草危害，应加强田间锄草工作。红豆草的抗旱能力虽然很强，但在生育期间仍应注意供水，否则产草量和产种量较低。

3. 收割

红豆草收草适宜期在盛花期，一般一年可收两茬，如果水肥条件好，亦可收三茬，产草量为 500~700kg/亩，收种量为 30~50kg/亩。

红豆草在轮作中的利用年限一般为二三年。它不宜连作，一次种过之后，须隔五六年后方能再种。如果连作，则容易发生病虫害，生长不良，产量下降。

第四节 玉 米

一、品种特性

玉米属禾本科玉米属一年生植物，在我国玉米分布极为广泛，除南方沿海等湿热地区外，全国各地均适宜。玉米栽培面积和总产量，在粮食作物中仅次于水稻和小麦，约占第三位。玉米是重要的粮食和饲料作物，籽实是最重要的能量精料；收获籽实后的秸秆如能及时青贮或晒干，也是良好的粗饲料，还适于作青贮饲料和青饲料，有"饲料之王"的美称。玉米一般高 1~4m，大粒种千粒重可达 400g 以上，最小的千粒重仅 50g。玉米对土壤要求不严，各类土壤均可种植，质地较好的疏松土壤保肥保水力强，能使玉米发育良好，有利于增产。土壤酸碱性宜 pH 值为 5~8，而以中性土壤为好，不适于在过酸、过碱的土壤中生长。玉米的生育期一般为 80~140d。目前生产上推广的玉米单交种，生长期一般夏播

85 ~ 95d，春播 105 ~ 120d。

二、栽培技术

（一）对地的要求

1. 轮作

玉米对前作要求不严，在麦类、豆类、叶菜类等作物收获之后均宜种植。它是良好的中耕作物，消耗地力较轻，杂草较少，故为多种作物如麦类、豆类、根茎瓜菜及牧草的良好前作。玉米忌连作，连作时会使土壤中某些养分不足，而且易感染黑粉病、黑穗病等病害，降低籽粒产量和青贮饲料的品质。

2. 选地与整地

玉米要选地势平坦、排灌水方便、土层深厚、肥力较高的地块种植。青刈、青贮玉米要种在圈舍附近或村庄周围的肥沃地块。玉米为深根性高产作物，要深耕细耙，耕翻深度一般不能少于 18cm。春玉米在前作收获后应及时灭茬和秋中耕，沙土及壤土耕后及时耙耱保墒；黏土地可耕后不耙，通过冬季冻融交替熟化土壤，早春进行镇压耙耱保墒；前作收获晚，来不及秋中耕的土壤于早春耕地，翻后及时耙地。夏玉米播种时，正是"三夏"大忙季节，因此要争分夺秒抢时抢墒播种。若前作收获早，劳力充足，可采用耕、耙、种全套作业；前作收获晚或劳力紧张时，可不耕翻直接播种，苗期再深锄灭茬。春玉米在秋翻时，可施入有机肥作基肥，一般每亩施厩肥 2 ~ 3t。夏玉米一般则不必施基肥。

（二）播前准备

1. 品种选择

生产普遍用玉米单交种。收籽用的高产玉米，以选用竖叶形、适于密植的单交种，每亩密度 0.4 万 ~ 0.5 万株；中产田选用平展形或竖叶形单交种均可，但平展形单交种密度应控制在每亩 0.4 万株左右；青刈、青贮的玉米，要选植株高大，分枝多、茎叶茂盛，青饲料产量高的中晚熟玉米单交种，并且要加大播种量，密度应控制在每亩 0.8 万株左右。

2. 种子处理

晒种可提高出苗率 13% ~ 28%，提早出苗 1 ~ 2d，并且能减少玉米丝黑穗病的危害。其方法是选择晴天把种子摊在干燥向阳的地上或席上，连续晒 2 ~ 3d。晒种过程中要经常翻动，保证晒匀。浸种可提高种子发芽率，出苗快、齐。具体方法为：用温水（55 ~ 58℃）浸种 6 ~ 12h 或用 500 倍磷酸二氢钾浸种 12h，捞出后放在室内摊成薄层，保持温度 20 ~ 25℃，至种子"露白"时即播种。但需注意，在土壤干旱而又无灌溉条件的情况下，不能浸种，因为浸过的种子胚芽已经萌动，播在干土中易造成种子死亡。为了防止病害，在浸种后用 0.5% 的硫酸铜拌种，可减少玉米黑粉病的发生；用20%萎锈灵，按种子用量的1%拌种，可防止玉米黑穗病。

（三）播种方法

春玉米不能播种过早。生产上通常把土壤表层5～10cm日均温稳定在10～12℃时作为春玉米的适宜播期。玉米是喜温作物，不能播种过晚，籽粒玉米要保证有130d生育期，青刈玉米也要有100d生育期。苗期不耐霜冻，出现 -3℃～ -2℃低温即受霜害，春玉米不能播种过早。玉米的播种期因地区不同差异很大。春玉米的播期大致为：新疆北部多在4月下旬至5月上旬；小麦等作物收获后播种夏玉米时，应抓紧时间抢时抢墒播种，愈早愈好。夏玉米早播是夺取高产的关键技术之一。青贮玉米播种期在能保证籽粒正常成熟的生长期内播种愈早愈好。青刈玉米可分3～4期播种，每隔20d播1次，并分批收获，以均衡供应青饲料，最晚一批青刈玉米的播种可比收籽玉米晚20d左右。

1. 单播

籽实玉米多采用宽窄行点播，宽行80cm左右，窄行50cm左右。青贮玉米的行距与籽料玉米相似，因播量较大，可适当缩小株距进行点播或条播。青刈玉米要求密度大，应条播，行距40cm左右。播种量一般收籽田每亩1.5～2.5kg，青贮玉米田2.5～4kg，青刈玉米田5～6.7kg。

2. 间作

玉米为高株喜阳植物，与耐阴株矮的或蔓生的豆科作物、马铃薯等间作，能有效利用空间和地力，提高单位面积产量。常见的组合是玉米、大豆或秣食豆间作；玉米、马铃薯间作；玉米、甜菜或南瓜间作。以收玉米为主时，一般种2行玉米、间种2行豆类等间作作物；以收豆类等间作作物为主时，可种2行玉米间种4行大豆等作物。玉米和豆类等其他作物间作，其产量高于单作。

3. 套种

夏玉米生育期短，用套种的方法可延长玉米生育期。玉米可选用中、晚熟品种，以提高产量。通常在冬小麦田套种玉米。其方法是：冬小麦按丰产要求的行距播种，一般每隔3行留出宽30cm左右的套种行，麦收前半个月左右套种玉米。在高水肥条件下，为了保证小麦高产，可将套种行缩小至20～25cm，玉米的套种时间缩短到麦收前7～10d。

4. 播种深度

播种深度适宜，深浅一致，才能保证苗齐、苗全、苗壮。适宜的播种深度由土质、墒情、气候条件和种子大小而定，一般以5～6cm为宜；土壤黏重、墒情好时，应适当浅些，多4～5cm；质地疏松、易干燥的沙质土壤或天气干旱时，应播深6～8cm，但最深不宜超过10cm。

5. 病害虫防治

出苗前常有蝼蛄、蛴螬等为害种子和幼芽，可用高效低毒的辛硫磷50%乳剂50ml，加水3kg，拌和玉米种子15kg，拌后马上播种，防治蝼蛄和蛴螬，保苗效果达100%。

（四）田间管理

1. 适时补苗、定苗

播后要及时检查苗情，凡是漏播的，在其他刚出苗时就要立即催芽补播或移苗补栽，力争全苗。为合理密植提高产量，收籽和青贮玉米要适时定苗。间苗在3~4片真叶出现时进行，间去过密的细弱苗，每穴留2株大苗、壮苗。定苗在有5~6片真叶时进行，每穴留1株。间定苗最好在晴天进行，因为受病虫为害和生长不良的幼苗，在阳光照射下发生萎蔫，易于识别。

2. 中耕除草

玉米苗期不耐杂草，及时中耕除草是玉米增产的重要条件。玉米在苗期一般中耕2~3次，苗高8~10cm以后每隔10~15d都应中耕除草1次，直到封垄为止。春玉米和耕耙全套作业播种的夏玉米，苗期第1~2次中耕宜浅锄3~5cm，拔节前的1次中耕稍深；套种和硬茬播种的夏玉米第一次中耕结合灭茬宜深，第2次、第3次只宜浅锄3~5cm，拔节前1次中耕宜深，可切断一部分细根，促新根产生。另外，可应用西玛津或莠去津进行化学除草，一般在玉米播种前或播后出苗前3~5d进行。

3. 蹲苗促壮

收籽玉米和青贮玉米的苗期在底墒充足和肥力较好的情况下，控制灌水，勤中耕，促下控上，虽幼苗生长速度有所降低，但苗生长健壮，称为蹲苗。一般出苗后开始，拔节前结束。春播玉米约1个月，夏播玉米20d左右。蹲苗可促使根系下扎，扩大吸收水分和养分的范围，并使节间粗壮，增强抗旱性和抗倒伏能力，有利于籽粒高产。

4. 追肥、灌溉

玉米追肥主要为速效氮肥。按照玉米不同生育时期对肥料的需求，通常要追施苗肥、拔节肥、穗肥和粒肥。苗肥是从出苗后至拔节前追施的肥料。只在基肥施量少、生长势差的田块，酌情追施5~10kg/亩硫酸铵或适量其他速效氮肥。夏玉米往往硬茬播种或在小麦田套种，未施基肥，在苗期可补施有机肥料和磷钾肥。拔节肥是指拔节后10d左右追施的肥料。穗肥一般施在大喇叭口时期，即棒三叶（果穗部位叶及上下两叶）已经抽出而未展开，心叶丛生，状如喇叭，最上部展开叶与未展开叶之间显出软而具弹性的雄穗时。拔节肥和穗肥的施用，应根据具体情况决定。在土壤较肥沃、施基肥的情况下，如果追肥数量不多，可不施拔节肥，而将此部分肥料集中在大喇叭口期施穗肥。每亩追施30kg硫酸铵，可考虑施拔节肥10kg、穗肥200kg。麦田套种玉米采用"前重后轻"的追肥方式有利于高产。

粒肥是在抽雄开花期追施的肥料。为了防止春玉米的后期脱肥，可结合浇水，追施粒肥。粒肥用量不宜过多，一般占用肥总量的10%~15%。夏玉米前期追肥正常的情况下可不必施粒肥。

玉米单株体积大，需水多，但不同生育时期对水分的要求不同。出苗至拔节期间，植株矮小，生长缓慢，耗水量不大，这一阶段的生长中心是根系。由于植物根系具有"向水性"，为了促进根向纵深发展，应控制土壤水分在田间持水量的60%左右。拔节以后，进入旺盛生长阶段，这时茎和叶的生长量很大，雌雄穗不断分化和形成，干物质积累增加，对水分的需求多，此期土壤含水量宜占田间持水量的70%~80%。抽穗开花期是玉米新陈代谢最旺盛，对水分要求最高的时期，对缺水最为敏感，有人称之为"水分临界期"。如水分不足，气温又高，空气干燥，抽出的雄穗在三两天内就会"晒花"，甚至有的雄穗不能抽出，或抽出的时间延长，造成严重减产甚至颗粒无收。这个时期土壤水分宜保持在田间持水量的80%。灌浆成熟期是籽粒产量形成阶段，一方面需要水分作原料进行光合作用，另一方面光合产物需要以水分为溶媒才能顺利运输到籽粒，保证籽粒高产，要保持土壤水分达田间持水量的70%~80%。

其他管理措施玉米产生分蘖或发生黑粉病时要早期除蘖（青贮、青刈玉米不必除蘖）和剥掉病瘤。在雄花盛开期和雌穗吐丝期进行人工去雄和辅助授粉，籽粒产量可增加10%左右。去雄不应超过全田株数的一半，一般选晴朗无风的上午进行。

（五）适时收获

1. 籽粒玉米

以籽粒变硬发亮、苞叶干枯松散的完熟期收获为宜，但粮饲兼用玉米应在蜡熟末期至完熟初期进行收获。中晚熟玉米，在苞叶变白的蜡熟中、末期收获，此时籽粒中的干物质已达最高点，而秸秆仍鲜绿多汁，适宜青贮用。优良粮饲兼用玉米，一般每亩产籽粒400~530kg。

2. 青刈玉米

用作猪饲料时，可在株高50~60cm拔节以后陆续刈割饲喂，到抽雄前后割完；用作牛的青饲料时，宜在吐丝到蜡熟期分批刈割。一般每亩可产青料2.5~5t。玉米再生力差，只能1次低茬刈割。早期刈割的，还能复种一茬其他青刈作物。

3. 青贮玉米

是重要的贮备饲料，带果穗青贮的宜在蜡熟期收获。栽培面积较大，收获需要进行数天，可提前到乳熟末期开始刈割，到蜡熟末期收完。调制猪或犊牛的青贮饲料时，宜在乳熟期刈割。收籽用玉米，若利用其秸秆青贮，可在蜡熟末期或完熟初期收获，以保证有较多的绿叶面积。

4. 留种

玉米为异花授粉植物，天然杂交率在95%以上，易因天然杂交而影响种子质量。北方青贮用玉米多为晚熟品种，往往霜前不能成熟，种子发芽率受到影响。为此，留种时要注意以下问题。

隔离种植 为防止玉米良种的天然杂交退化，应按良种繁育技术操作规程进行，实行严格的隔离种植。

妥善保管 玉米收获后充分晾晒，晒到籽粒含水率在14%以下后入库。库内要求恒温、干燥通风，切勿受潮、受热和遭鼠虫危害。

第五节 箭舌豌豆

一、品种特性

箭舌豌豆在我国西北、华北地区种植较多，其他省（区）亦有种植，其适应性强，产量高，是一种优良的草料兼用作物，还可做绿肥。属一年生草本植物，喜凉爽，适宜地温15度时播后一周即可出苗，对温度要求不高，作为饲草用只需要积温910~1 700℃。对土壤要求不严格，能在酸性土壤上生长，最怕盐碱，不宜在盐碱土壤上栽培，在强酸性土壤也生长不良。耐盐力略差，适宜的土壤pH值为5.0~6.8。

箭舌豌豆种类较多，从播种到开花有70~80d即可收割，调制干草，可作为复播作物的前作或后作。箭舌豌豆可调制干草或青饲作为牲畜的优等牧草利用，营养价值丰富。干草蛋白质含量13.3%~19.3%，脂肪1.1%~2.6%，纤维素25.2%~24.5%，无氮出物43.2%~33.1%，钙1.18%~1.13%，磷0.3%~0.32%。鲜草产量2 000~3 000kg/亩，干草产量400~500kg/亩，高度45~65cm。

二、栽培技术

该草是各种谷类作物的良好前作，它对前作要求不严，可安排在谷类作物之后种植。北方宜春播或夏播。箭舌豌豆种子较大，用作饲草或绿肥时，每亩播种量4~5kg，播种深度4~6cm，收种时播种量3~4kg。箭舌豌豆单播时容易倒伏，影响产量和饲用品质，通常与燕麦、大麦、黑麦、苏丹草等混播，混播时箭舌豌豆与谷类作物的比例应为2：1或3：1。田间管理应注意在开花期灌溉，如果有条件施用磷肥，宜在花前重施，对产量提高有重要作用。

箭舌豌豆收获时间因利用目的而不同。用以调制干草的，应在盛花期和结荚初期刈割；用作青饲的则以盛花期刈割较好。如利用再生草，注意留茬高度，在盛花期刈割时留茬5~6cm为好；结荚期刈割时，留茬高度应在13cm左右。种子收获要及时，过晚会炸荚落粒，当70%的豆荚变成黄褐色时清晨收获，每亩可收种子100~150kg，高者可达200kg。

箭舌豌豆籽实中含有生物碱和氰苷两种有毒物质，饲用需做去毒处理，即籽实经烘炒、浸泡、蒸煮、淘洗后，氢氰酸含量可下降到规定标准以下（即氢氰酸含量<5mg/kg），并禁止长期大量连续饲。

第十四章　饲草料调制及加工设备设施

第一节　青　贮

一、青贮技术在高效养羊生产体系中的作用

青贮是调制贮藏青饲料和秸秆饲草的有效技术手段，也是发展养羊业的基础。在高效养羊生产体系中，优质饲草的高产栽培与所产饲草的青贮、加工具有同等重要的地位，它是养羊系统工程中十分重要的技术环节。饲草青贮技术本身并不复杂，只要明确其基本原理，掌握加工制作要点，就可以依各自需要，采用适当的方法制作适合自己要求规模的青贮饲料。

用青贮饲料饲喂羊，如同一年四季都能使羊采食到青绿多汁饲草一样，可使羊群常年保持高水平的营养状况和最高的生产力。农区采用青贮，可以更合理地利用大量秸秆，牧区采用青贮，可以达到更合理地利用天然草场资源。采用青贮饲料，摆脱了完全"靠天养羊"的困境，就能实现农、牧区养羊生产的高效益，因为它可以保证羊群全年都有均衡的营养物质供应，是实现高效养羊生产的重要技术。国家对此项技术十分重视，近年来在许多省区大力推广，获得了可观的效益。国务院经过对全国发展秸秆饲料的情况调查后曾指出：采用青贮技术，大力发展养羊和养牛生产，第一可以节约大量粮食；第二可以推动种植业的发展；第三可以减少环境污染；第四是有利于改善人民的膳食结构；第五是有利于广大农牧民脱贫致富。所以饲料青贮不仅仅是提高了作物秸秆的利用率，也是各种牧草合理搭配、合理利用、综合提高饲草利用率和发挥羊最大生产潜力的有效措施。

二、饲草青贮的特点

1. 饲草青贮能有效地保存青绿植物的营养成分，一般青绿植物在成熟或晒干后，营养价值降低30%～50%，但青贮处理，只降低3%～10%。青贮的特点是能有效地保存青绿植物中的蛋白质和维生素（胡萝卜素等）。

2. 青贮能保持原料青贮时的鲜嫩汁液，干草含水量只有14%～17%，而青贮饲料的含水量为60%～70%，适口性好，消化率高。

3. 一些优质的饲草羊并不喜欢采食，或不能利用，而经过青贮发酵，就可以变成羊喜欢采食的优质饲草，如向日葵、玉米秸、棉秆等，青贮后不仅可以提高适口性，也可软化秸秆，增加可食部分，提高饲草的利用率和消化率。苜蓿青贮后，大大提高了利用率，减少了粉碎的抛洒浪费，减少了粉碎的机械和人力，还可以将叶片保留下来，提高了可食比例，对羊的适口性亦有显著的提高。

4. 青贮是保存和贮藏饲草经济而安全的方法。青贮饲料占地面积小，每立方米可堆积青贮450～700kg（干物质150kg），若改为干草堆放则只能达到70kg（干物质60kg）。只要制作青贮技术得当，青贮饲料可以长期保存，既不会因风吹日晒引起变质，也不会发生火灾等意外事故。例如，采用窖贮甘薯、胡萝卜、饲用甜菜等块根类青饲料，一般能保存几个月，而采用青贮方法则可以长期保存，既简单，又安全。

5. 除厌氧菌属外，其他菌属均不能在青贮饲料中存活，各种植物寄生虫及杂草种子在青贮过程中也可被杀死。

6. 青贮处理可以将菜籽饼、棉饼、棉秆等有毒植物及加工副产品的毒性物质脱毒，使羊能安全使用。采用青贮玉米与这些饲草混合贮藏的方法，可以有效地脱毒，提高其利用效率。

7. 青贮饲草是合理配合日粮及高效利用饲草料资源的基础。在高效养羊生产体系中，要求饲草的合理配合与高效利用，日粮中60%～70%是经青贮加工的饲草。采用青贮处理，羊饲料中绝大部分的饲料品质得到了有效的控制，也有利于按配方，按需要和生产性能供给全价日粮。饲草青贮后，既能大大降低饲草成本，也能满足养羊生产的营养需要。

三、青贮的种类

（一）按青贮的方法分类

1. 一般青贮

这种青贮的原理是在缺氧环境下进行，实质就是收割后尽快在缺氧条件下贮存。对原料的要求是含糖量不低于2%～3%，水分65%～75%。

2. 低水分青贮

又叫半干青贮，是将青贮原料收割后放1～2d后，使其水分降低到40%～55%时，再缺氧保存。这种青贮方式的基本原理是原料的水分少，造成对微生物的生理干燥。这样的风干植物对腐生菌、酪酸菌及乳酸菌，均可造成生理干燥状态，使其生长繁殖受到限制。因此，在青贮过程中，微生物发酵弱，蛋白质不分解，有机酸生成量小。虽然有些微生物如霉菌等在风干物质内仍可大量繁殖，但在切短压实的厌氧条件下，其活动很快停止。所以，低水分青贮的本质是在高度厌氧条件下进行。由于低水分青贮是微生物处于干燥状态下及生长繁殖受到限制的情况下进行，所以原料中的糖分或乳酸的多少以及 pH 值的高低对其无关紧要，从而扩大了青贮的适用范围，使一般不易青贮的原料，如豆科植物，也可以顺利青贮。

3. 添加剂青贮

这种青贮的方式主要从 3 个方面影响青贮的发酵作用。第一是促进乳酸发酵，如添加各种可溶性碳水化合物，接种乳酸菌、加酶制剂等，可迅速产生大量乳酸；第二是抑制不良发酵，如各种酸类、抑制剂等，防止腐生菌等不利于青贮的微生物生长；第三是提高青贮饲料的营养物质含量，如添加尿酸、氮化物，可增加蛋白质的含量等，还可以扩大青贮原料的范围。

4. 水泡青贮又叫清水发酵，酸贮饲料，是短期保存青贮饲料的一种简易方法。用清水淹没原料，充分压实造成缺氧。

（二）根据原料组成和营养特性分类

1. 单一青贮

单独青贮一种禾本科或其他含糖量高的植物原料。

2. 混合青贮

在满足青贮基本要求的前提下，将多种植物原料或农副产品原料混合贮存，营养价值比单一青贮的全面，适口性好。

3. 配合青贮

依羊对各种营养物质的需要，在满足青贮基本要求的前提下，将各种青贮原料进行科学的合理搭配，混合青贮。

（三）根据青贮原料的形态分类

1. 切短青贮

将青贮原料切成 2~3cm 的短节，或将原料粉碎，以求能扩大微生物的作用面积，能充分压紧，高低缺氧。

2. 整株青贮

原料不切短，全株贮于青贮窖或青贮壕内，可在劳力紧张和收割季节短暂的情况下采用，要求充分压实，必要时配合使用添加剂，以保证青贮质量。

四、青贮设施

青贮设施的类型和条件对青贮原料的保护、品质和青贮过程中营养物质的损失有重要影响。所以，青贮设施与原料同样重要，必须予以重视。

（一）青贮设施种类

1. 地下式青贮窖

窖全部建于地下，其深度按地下水位的高低来确定。修建青贮窖设施时一般不用建筑材科，多由挖掘的土窖或壕沟构成，宜在制作青贮前，1~2d挖好。也可用砖或石头砌缝处理，修建永久性的青贮设施。

2. 半地下式青贮窖

该类型的青贮窖一部分位于地下，一部分位于地上。地上部分1~7m，窖或壕壁的厚度不低于70cm，以适应密闭的要求。

青贮袋　是近年来国外广泛采用的一种新型青贮设施，其优点是省工，投资少，操作简便，容易掌握，贮存地方灵活。青贮袋有两种装贮方式。一种是将切碎的青贮原料装入用塑料薄膜制成的青贮袋内，装满后用真空泵抽空密封，放在干燥的野外或室内；第二种是用打捆机将青绿牧草打成草捆，装入塑料袋内密封，置于野外发酵。青贮袋由双层塑料制成，外层为白色，内层为黑色，白色可反射阳光，黑色可抵抗紫外线对饲料的破坏作用。

（二）青贮设施的要求

1. 不透气是调制良好青贮饲料的首要条件。无论用哪种材料修建，必须做到严密不透气。为防止透气，可在壁内裱衬一层塑料薄膜。

2. 青贮设施不要在靠近水塘、粪滩的地方修建，以免污水渗入。地下或半地下式青贮设施的地面，必须高于地下水位。

3. 青贮设施的墙壁要求平滑垂直，圆滑，这样才有利于青贮饲料的下沉和压实。

4. 一般宽度和直径应小于深度，宽、深比为1:1.5或1:2，以利于青贮饲料借助于本身的压力压紧压实，并减少窖内的空气，保证青贮质量。

5. 各种青贮设施必须防止青贮冻结，影响使用。

青贮设施的容重、青贮饲料重量估计如表青贮饲料重量估计（表14-1）。

表14-1　青贮饲料重量估计　　　　　　（单位：kg/m^3）

青贮原料种类	青贮饲料重量
全株玉米、向日葵	500~550
玉米秸	450~500
甘薯藤	700~750
萝卜叶、芜菁叶	600
叶菜类	800
牧草、野草	600

五、青贮方法

（一）青贮饲料制作工艺和流程

全机械化作业的工艺流程：自走或牵引或青贮收割机刈割青贮原料→在田间收割、粉碎→辅车接收已粉碎的青饲料→运输到青贮窖→自动或人工卸车入窖→摊平，分层均匀加入尿素、食盐、发酵菌种等添加剂→用拖拉机反复碾压，切实压实→封窖

半机械化作业的工艺流程：割草机或人工割倒青贮原料→整株装车→拉运到青贮设施旁堆积→青贮粉碎机粉碎后直接入窖→加食盐、发酵菌种→拖拉机反复碾压，切实压实→封窖

（二）一般青贮方法

选好青贮原料：选择适当的成熟阶段收割植物原料，尽量减少太阳暴晒或雨淋，避免堆积发热，保证原料的新鲜和青绿。

清理青贮设施：已用过的青贮设施，在重新使用前必须将窖中的脏土和剩余的饲料清理干净，有破损处应加以维修。

适度切碎青贮原料：羊用的原料，一般切成 2cm 以下为宜，以利于压实和以后羊的采食。

控制原料水分：大多数青贮作物，青贮时的含水量以 60% ~70% 为宜。新鲜青草和豆科牧草的含水量一般在 75% ~80%，拉运前要适当晾晒，待水分降低 10% ~15% 后才能用于制作青贮。

调节原料含水量的方法是当原料水分过多时，适量加入干草粉、秸秆粉等含水量少的原料，调节其水分至合适程度。当原料水分较低时，将新割的鲜嫩青草交替装填入窖，混合贮存，或加入适量的清水。

青贮原料水分含量测定法：主要有搓绞法，手抓测定和烘干法 3 种。

搓绞法是在切碎之前，将原料的茎被搓绞，绞后不折断，叶片不出现干燥迹象，原料的含水量适合于青贮。

手抓测定又叫挤压测定。取一把切碎的原料，用手挤压后慢慢松开，注意手中原料团粒的状态，以团粒展开缓慢，挤压后手上不滴水为以宜。

烘干法取原料样品送至实验室，烘干测定原料中水分的含量。

青贮原料的快装与压实：一旦开始装填青贮原料，速度要快，尽可能在 2 ~4d 内结束装填，并及时封顶。装填时，应在 20cm 时一层一层的铺平，加入尿素等添加剂，并用履带拖拉机碾压或人力踩踏压实。特别注意避免将拖拉机上的泥土、油污、金属等杂物带入窖内。用拖拉机压过的边角，仍需人工再踩一遍，防止漏气。

密封和覆盖：青贮原料装满压实后，必须尽快密封和覆盖窖顶，以隔断空气，抑制好氧性微生物的发酵。覆盖时，先在一层细软的青草或青贮上覆盖塑料薄膜，而后堆土 30~40cm，用拖拉机压实。覆盖后，连续 5~10d 检查青贮窖的下沉情况，及时把裂缝用湿土封好，窖顶的泥土必须高出青贮窖边缘，防止雨水、雪水流入窖内。

（三）特殊青贮的方法

特殊青贮，系指采用添加剂制作的青贮。这种青贮方法可以促进乳酸菌更好的发酵，抑制对青贮发酵过程有害的乙酸发酵，提高青贮饲料的应用价值。常用的添加剂种类和使用方法如下所述。

尿素　含氮量 40%，用量为青贮原料的 0.4%~0.5%。对水分大的原料，采用尿素干粉均匀分层撒入的方法。对水分小的原料，先将尿素溶解于水中，再用尿素水溶液喷洒入原料中。

食盐　用量为青贮原料的 0.5%~1.0%，常与尿素混合使用。使用方法与尿素相同。

秸秆发酵菌剂　按要求加入。可采用干粉撒入或拌水喷洒两种方法，具体操作与尿素和食盐相同。

糖蜜　用量为青贮原料的 1%~3% 溶于水中喷洒入原料中。

甜菜渣　分层均匀拌入青贮原料中，用量为青贮原料重量的 3%~5%。

（四）　防止青贮饲料的二次发酵的方法

青贮饲料的二次发酵，又叫好氧性腐败。在温暖季节开启青贮窖后，空气随之进入，好氧性微生物开始大量繁殖，青贮饲料中养分遭受大量损失，出现好氧性腐败，产生大量的热。

避免二次发酵所造成的损失，采取以下技术措施：

适时收割青贮原料　如以玉米秸秆为主要原料，含水量不超过 70%，霜前收割制作。霜后制作青贮，乳酸发酵就会受到抑制，青贮中总酸量减少，开启窖后易发生二次发酵。

原料切短　所用的原料应尽量切短，这样才能压实。

装填快、密封严　装填原料应尽量缩短时间，封窖前切实压实，用塑料薄膜封顶，确保严密。

计算青贮日需要量　合理安排日取出量，修建青贮设施时，应减少青贮窖的体积，或用塑料薄膜将大窖分隔成若干小区，分区取料。

添加甲酸、丙酸、乙酸　用甲酸、丙酸和乙酸等喷洒在青贮饲料上，防止二次发酵，也可用甲醛、氨水等处理，采用水贮。

六、青贮饲料品质鉴定

用玉米、向日葵等含糖量高，易青贮的原料制作青贮，方法正确，2~3周后就能制成优质的青贮饲料，而不易青贮的原料2~3个月才能完成。饲用之前，或在使用过程中，应对青贮饲料的品质进行鉴定。青贮饲料品质鉴定方法如下。

在农牧场或其他现场情况下，一般可采用感观鉴定方法来鉴定青贮饲料的品质，多采用气味、颜色和结构3项指标。气味鉴定标准如表14-2。

表14-2　青贮饲料气味及其评级

气味	评定结果	可喂饲的家畜
具有酸香味，略有醇酒味，给人以舒适的感觉	品质良好	各种家畜
香味极淡或没有，具有强烈的醋酸味	品质中等	除妊娠家畜及幼畜和马匹外可喂其他牲畜
具有一种特殊臭味，腐败发霉	品质低劣	不适宜喂任何家畜，洗涤后也不能饲用

颜色：品质良好的青贮饲料呈青绿色或黄绿色，品质低劣的青贮饲料多为暗色、褐色、墨绿色或黑色。与青贮原料原来的颜色有明显差异的，不宜饲喂羊只。

结构：品质良好的青贮料压得很紧密，但拿到手上又很松散，质地柔软，略带湿润。若青贮料粘成一团，好像一块污泥，则是不良的青贮饲料。这种腐烂的饲料不能饲喂给羊，标准如表14-3所述。

表14-3　青贮饲料感官鉴定标准

等级	色	味	气味	质地
上	黄绿色、绿色	酸味较浓	芳香味	柔软、稍湿润
中	黄褐色、墨绿色	酸味中等或较淡	芳香、稍有酒精味或酪酸味	柔软、稍干或水分较多
下	黑色、褐色	酸味很淡	臭味	干燥松散或粘结成块

第二节　氨　化

秸秆饲料氨化处理，就是在作物秸秆中加入一定比例的氨水、液氨、尿素或尿素溶液等，以改变秸秆的结构形态，提高家畜对秸秆的消化率和秸秆的营养价值的一种化学处理方法。

一、原料水分控制

各种农作物秸秆如稻草、玉米秆、麦秆等均可作氨化原料，其水分应控制在13%以下。

二、选址与建窖（池）

氨化窖（池）应建在取用方便的栏舍附近（室内更好），避开人畜活动区，尽可能建在地势较高、土质硬实干燥、背风向阳的地方。选好地址后，按照饲养量，以每只羊 0.2m³ 标准确定氨化池容积，根据容积大小建一个高出地面约50cm 的半地下式长方形分格（两格）水泥池，做到两格循环使用，用完一格，贮藏一格。

三、配液、装窖与密封

秸秆氨化最常用的是尿素氨化法，先把稻草等氨化原料切成 5～10cm 长，按照每100kg 秸秆加尿素5kg、食盐0.5～1kg、水 30～40kg 的比例，把尿素配成溶液，喷洒在秸秆中。装一层，喷一层，不断翻动喷匀，边装边踩紧，直至装出窖口 30～50cm，顶部呈锥形。最后用塑料薄膜覆盖后全部用土封住，并用湿泥密封薄膜与窖的接口处。

四、管理与取用

氨化期间，要经常检查薄膜有无破损漏气，尤其要防止老鼠咬破，发现破损要及时修补。氨化时间一般春秋季为36周，夏季为23周，冬季8周以上。氨化成熟后，即可开窖取用。每次取1天喂量，在干净地面摊开，通风放氨1天后再饲喂。每次取用后，要立即密封窖口，切忌进水。也可一次性把氨化秸秆全部取出，摊开晾干后堆积在阴凉处，用塑料薄膜覆盖，防止日晒雨淋，饲喂时用多少取多少。

第三节　微　贮

秸秆微贮饲料，就是在农作物秸秆中加入微生物高效活性菌种以及秸秆发酵活杆菌，放入密封的容器中贮藏，经一定的发酵过程，使农作物秸秆变成具有酸香味、草食家畜喜食的饲料。

一、秸秆微贮的特点

（一）适口性强，采食量高

秸秆经微生物发酵，变成质地柔软，具有酸香气味的饲料，适口性明显增强。同时，由于秸秆中部分纤维素被微生物降解，使秸秆的消化率提高，通过瘤胃速度加快，因此，采食量增加，一般可提高采食量20%以上。

（二）改善了秸秆的营养价值

羊日增重提高。秸秆经高效活杆菌发酵后，使纤维素聚合物的酯键酶解，瘤胃微生物能直接与纤维素附着。由于微生物繁殖，使秸秆微生物蛋白含量增加；在微生物的作用下，秸秆中纤维素被降解为挥发性脂肪酸，因而提高了秸秆的营养价值，变成羊的优质饲料。

（三）技术处理成本低

秸秆微贮剂"兴牧宝"（内蒙古产）500g 12元，可处理1.5t干秸秆。与氨化秸秆比较，氨化处理1.5t秸秆需尿素20kg，约人民币40元，是微贮成本的好几倍。因此易于被广大养羊户接受。

（四）作业季节长

秸秆微贮制作季节长，与农业不争劳力，不误农时。秸秆发酵活干菌发酵处理秸秆的适宜温度为10～40℃。因此大部分地区除冬季外，春夏秋三季均可制作微贮饲料。

（五）保存期长

秸秆发酵活干菌在秸秆中生长迅速，成酸作用强。由于挥发性脂肪酸中丙酸与醋酸未离解分子的强力抑菌杀菌作用，微贮饲料不易发霉腐败，从而能长期保存。另外，秸秆微贮饲料取用方便，随取随喂，不需晾晒。

（六）无毒无害。 微贮饲料无毒无害，安全可靠。

二、秸秆微贮的方法

（一）水泥池微贮法

就是在修好的水泥池中微贮。将农作物秸秆切碎，按比例喷洒菌液后装入池内分层压实、封口。水泥池以修成大小相同的二联池为最好，这样可以交替使用。这种微贮方法的优点是：池中不易进气、进水，密封性好，经久耐用，成功率高。

（二）土窖微贮法

就是在地上挖一口窖，在窖里进行微贮。窖址必须选择地势高、土质硬、向阳干燥、排水好、地下水位低、便于取用的地方，根据贮量挖一土窖（窖深以

1.5～2m 为宜）。在装窖时，窖底和窖壁要衬贴塑料薄膜。装秸秆时，要层层喷洒菌液，每装一层秸秆，喷洒、踩压 1 次，压实后再在上面覆盖塑料薄膜，然后才可封土。此法也叫塑料薄膜衬贴微贮法。这种方法的优点是贮量大、成本小。

（三）塑料袋窖内微贮法

此法首先要按土窖微贮法选好窖址，挖一圆形窖，将制好的塑料袋放入窖内，把微贮原料装入袋内，装料方法与前面两种方法相同。这种微贮方法的优点是：不易漏气、进水，但贮量较小。

其他能够密封的窖器也能按照前面的方法用来制作微贮饲料。

三、秸秆微贮技术要点

1. 溶浸

先将"兴牧宝"放入水中溶浸，这样可以使菌种均匀的置于秸秆中。

2. 用量

黄玉米秸 1 000kg，用水 1 200L，贮料含水量为 60%～65%，"兴牧宝"用 250g。

3. 切碎

用于微贮的秸秆一定要铡切短，饲喂羊以 3～5cm，切碎的原料易于压实和提高微贮窖的利用率，保证微贮质量。

4. 装窖

秸秆每装 20～25cm 厚均匀喷洒菌液一次，踩压踏实后，再装再喷洒再踩压，直至原料高于窖口 40cm 左右，然后封口。分层压实是为了迅速排除秸秆空隙间的空气，给发酵菌的繁殖创造有利的厌氧环境。

5. 封窖

窖装好后，要充分压实并在秸秆表层洒一定量的食盐粉，食盐粉用量为每平方米 250g，以确保微贮饲料表层不发生霉烂变质。压实后盖上塑料薄膜，然后覆土 15～20cm 密封，密封的目的是为了隔绝空气，保证窖内呈厌氧状态。

第四节　苜蓿草粉与草颗粒生产技术

一、苜蓿草粉生产

草粉生产工艺为：收割、干燥、粉碎和贮存过程。

（一）适时收割

紫花苜蓿最佳刈割期为初花期，冬前最后一次刈割应在苜蓿停止生长前

20～30d 进行，最后一次刈割留茬高度应大于 5cm。

（二）青干草调制

为了节约能源，刈割后的苜蓿先在田间晾晒至含水率较低（一般在 40%～50%）时，再运回进一步干燥。干燥后的苜蓿含水率应低于 14%。青干草没有及时加工草粉时应贮存，防雨淋日晒。

（三）草粉生产

选择颜色青绿或黄绿，具有草香味，品质优的青干草作为草粉加工原料。选择 2mm 筛目饲料粉碎机进行加工。草粉加工后，定量分装，运输堆放在干燥的地方备用。

二、草颗粒加工

草颗粒加工流程为：配方设计，原料混合，草颗粒成型，草颗粒冷却，草颗粒分装、贮藏。

（一）颗粒机或颗粒机组的选择

制粒前配料准备。按复合草颗粒单位生产量准备草粉、亚麻饼、能量蛋白合剂、磷酸氢钙、人工盐、畜禽用复合添加剂等。

（二）配方设计

按家畜的营养要求，配制含不同营养成分的草颗粒。

（三）原料混合

按照草颗粒配方设计要求，各种配料按单位产量比例与少量草粉预混合，再加入全部草粉混匀，进入下一道加工程序。原料在混合前准确称量。

（四）草颗粒成型

混合均匀的原料进入草颗粒成型机挤压成型，碎散部分回笼再加工，成型颗粒进入散热冷却装置，冷却后的草颗粒含水量不超过 13%。由于含水量甚低，适于长期贮存而不会发霉变质。

（五）草颗粒冷却、分装、贮藏

成型颗粒进入冷却装置散热冷却后，定量包装，封口后送入仓库贮藏。

参 考 文 献

[1] 山西农业大学. 养羊学. 北京：中国农业出版社，1990
[2] 北京农业大学. 家畜繁殖学. 北京：中国农业出版社，1982
[3] 山西农学院. 兽医学. 北京：中国农业出版社，1983
[4] 东北农学院. 家畜饲养学. 北京：中国农业出版社，1986
[5] 杨利国. 动物繁育技术. 北京：中国农业出版社，2009
[6] 薛慧文等. 肉羊无公害高效养殖. 北京：金盾出版社，2012
[7] 郑江平. 新疆羊产业发展研究. 乌鲁木齐：新疆人民出版社，2007
[8] 张文远，杨保平. 肉羊饲料科学配制与应用. 北京：金盾出版社，2005
[9] 冯维祺等. 科学养羊指南. 北京：金盾出版社，2012
[10] 中国美利奴羊饲养标准研究协作组. 中国美利奴羊营养需要量及饲料营养
     价值. 北京：中国农业科技出版社，1992
[11] 田树军，王宗仪，胡万川. 养羊与羊病防治. 北京：中国农业大学出版
     社，2004
[12] 尹长安，孔学民，陈卫民. 肉羊无公害饲养综合技术. 北京：中国农业出
     版社，2003
[13] 石国庆. 绵羊繁殖与育种新技术. 北京：金盾出版社，2010
[14] 郭志勤等. 家畜胚胎工程. 北京：中国科学技术出版社，1998
[15] 刘守仁，吕维斌. 绵羊学. 乌鲁木齐：新疆科技卫生出版社，1996
[16] 张乃峰，刁其玉，屠焰. 羔羊早期断奶新招. 北京：中国农业科学技术出
     版社，2006
[17] 何永涛，赵凤立，郭维春等. 羔羊培育技术. 北京：金盾出版社，2002
[18] 王金文. 肉用绵羊舍饲技术. 北京：中国农业科学技术出版社，2010
[19] 刘桂琼，姜勋平，孙晓燕等. 肉羊繁育管理新技术. 北京：中国农业科学
     技术出版社，2010
[20] 郭健，李文辉，杨博辉等. 甘肃高山细毛羊的育成和发展. 北京：中国农
     业科学技术出版社，2011
[21] 权凯等. 农区肉羊场设计与建设. 北京：金盾出版社，2011

［22］尹长安．舍饲肉羊．北京：中国农业大学出版社，2005

［23］刘守仁，李芙蓉，吕维斌．中国美利奴羊的品系繁育．乌鲁木齐：新疆科技卫生出版社，1995

［24］周占琴．农区科学养羊技术问答．北京：金盾出版社，2012

［25］邓先德，张庆东，齐飞等．标准化养殖小区建设．北京：中国农业科学技术出版社，2006

［26］王洪荣．粗饲料资源高效利用．北京：金盾出版社，2012

［27］魏刚才，齐永华．养羊科学安全用药指南．北京：化学工业出版社，2012

［28］李学森，任玉平．家庭牧场及健康养殖规范设施规划设计．北京：中国农业科学技术出版社，2011

［29］农业部农村经济研究中心．中国农村研究报告2011年．北京：中国财政经济出版社，2012

［30］庞连海．肉羊规模化高效生产技术．北京：化学工业出版社，2012

［31］权凯．肉羊标准化生产技术．北京：金盾出版社，2011

［32］冯维祺，马月辉，陆离．肉羊高效益饲养技术．北京：金盾出版社，2001

［33］卢泰安，范涛．养羊技术指导．北京：金盾出版社，2004

选择母羊

选择母羊

专家鉴定种羊

种羊鉴定

细毛羊毛丛结构

参赛细毛羊

中国美利奴公羊

中国美利奴母羊

南非美利奴公羊

德国美利奴公羊

打号

撒栓

采精

验精

输精

检胚

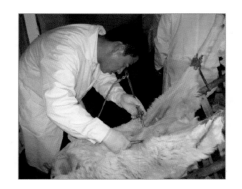

胚胎移植

人工授精培训

人工授精培训

自然交配

哺乳

母羊和羔羊

羔羊补饲

羔羊补饲

培育的羔羊

选留公羔

生产母羊冬季舍饲

中国美利奴母羊和羔羊

群体春季放牧

夏场自由放牧

夏场划区轮牧

春秋场放牧

青贮玉米

紫花苜蓿

苏丹草和青贮玉米

草场监测

红豆草

收获秸秆

小麦地套种苏丹草

播种青贮玉米

机械收获

制作青贮

制作青贮

粉碎后秸秆

秸秆堆放

羔羊补饲苜蓿

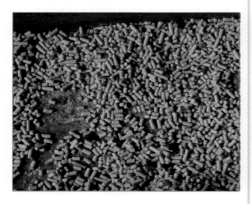

羔羊代乳料

手工剪毛

机械剪毛

剪毛竞赛

羊毛分级

机械打包

新疆萨帕乐优质细羊毛

剪毛后的细毛羊

药浴

混合饲料搅拌机（TMR）

标准化圈舍外部

标准化圈舍内部

暖棚舍饲

运动场